UNE VRAIE

PERTE SÉMINALE

Sotie Histologico-Sociale

PAR UN EX DES CAPUCINS

HOPITAL DU MIDI

PARIS

IMPRIMERIE ALCAN-LEVY

61, rue Lafayette

—

1881

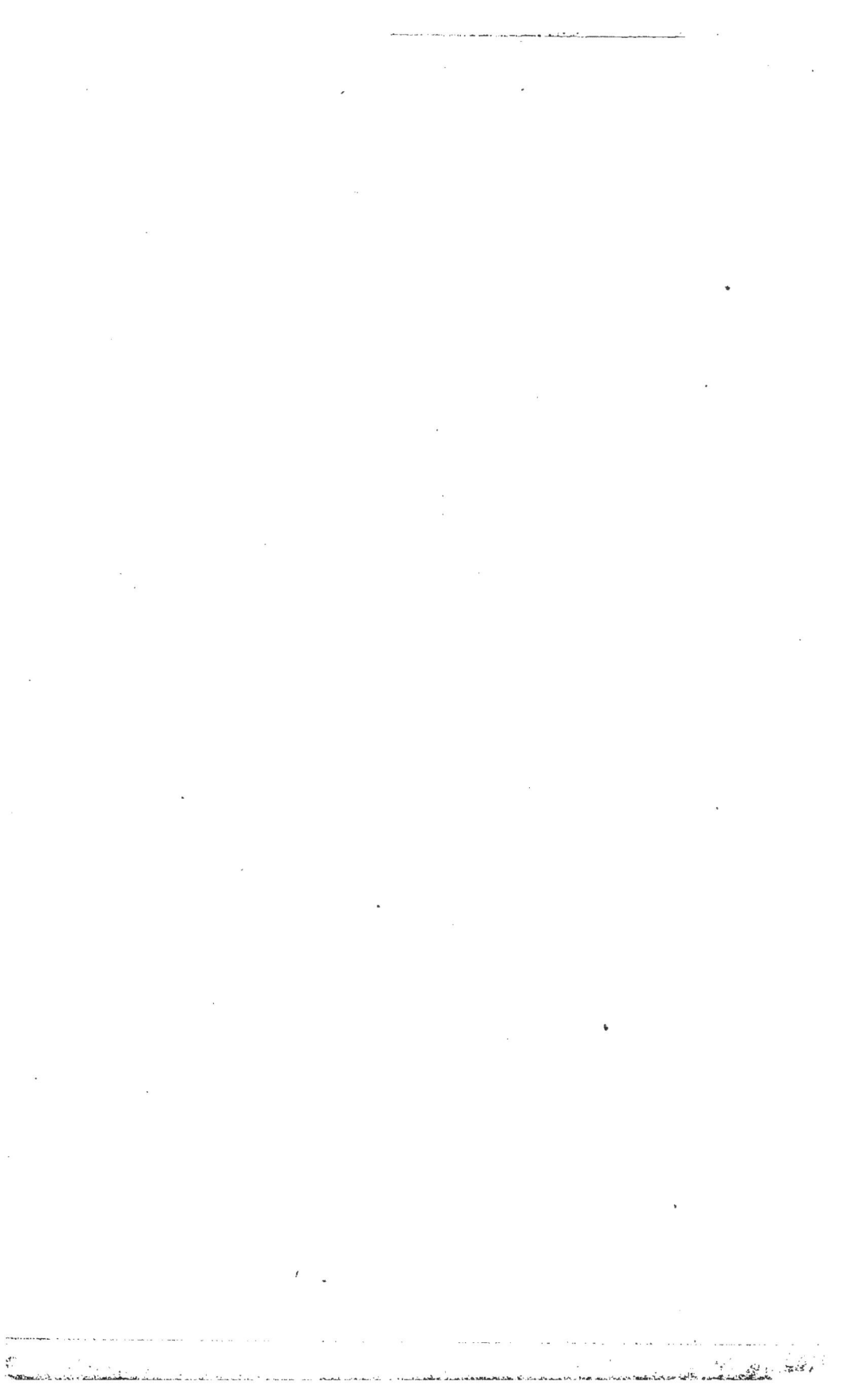

UNE

Vraie perte séminale

UNE VRAIE
PERTE SÉMINALE

Sotie Histologico-Sociale

PAR UN EX DES CAPUCINS

HOPITAL DU MIDI

PARIS

IMPRIMERIE ALCAN-LEVY

61, rue Lafayette

—

1881

Avant-propos

POUR avoir l'intelligence de ce factum, il faut savoir que la science des éléments microscopiques, que l'histologie, a appris que la cellule est la base de tout tissu organisé.

Par ce mot cellule, on entend une certaine quantité de matière azotée, de quelques millièmes de millimètres de grandeur, de forme ovalaire, transparente, au centre de laquelle se voit une vésicule arrondie et transparente pareillement, connue sous le nom de noyau. Dans le noyau existent aussi de petits grains

obronds, désignés sous la dénomination
de nucléoles.

Le noyau est l'élément actif des cellules. En effet, la multiplication de celles-ci
se fait ainsi : le noyau se scinde en deux ;
chaque moitié s'entoure d'une certaine
quantité de matière azotée et deux cellules en ont remplacé une seule. C'est, on
le voit, comme une espèce d'ébullition cel-
lulaire.

Le but des cellules étant de fournir aux
différentes indications de la vie, on voit,
par la suite, leur forme se modifier suivant le rôle qui leur est dévolu.

Non seulement la cellule est la base de
toute organisation, mais elle est le point
de départ de la nature animée. Ainsi, au
bas de l'échelle animale, on trouve des
cellules qui se déplacent par l'effet de
mouvements dits amiboïdes, quelque
chose d'analogue à la progression des
mollusques. Que l'on suppose, sur un des

points de leur surface externe, un léger
test calcaire, et l'on aura un coquillage
minuscule. Dans les organisations supérieures, l'œuf résulte de la fusion des deux
éléments cellulaires. L'organe femelle
fournit une cellule dont le noyau bientôt
disparaît. L'organe mâle en produit une
seconde qui, elle, éclatant, laisse émerger
de petits corps obronds par un bout, effilés et flexueux par l'autre. La fécondation
est la conséquence de la rencontre de ces
deux principes de vie. Un œuf est donc
fécondé alors que, par ce fait, il est rede-
venu cellule.

L'élément mâle, désigné vulgairement
sous le nom de vibrion, se meut comme
par le moyen d'une hélice, et est doué de
mouvements très vifs.

Au début des études histologiques,
frappé par les allures vives de ces corpus-
cules, on s'était complu à voir en eux le
rudiment actif d'existences futures, à re-

chercher ainsi une individualité dans son germe.

Les personnages mis en scène dans ce factum, non seulement obéissent à pareil ordre d'idées, mais ils ont en plus la croyance en une évolution progressive et indéfinie imposée à la série animale ; que l'on ne soit donc pas surpris que quelques-uns d'entre eux, pénétrés à fond de cet esprit microscopique, en soient venus à demander au mode d'ensemble et de détail des vibrions, de leur révéler, par avance, la venue de perfectionnements futurs.

Ajoutons-le, tout leur fait présager un succès, lorsque survient un obstacle imprévu. L'entrée en scène d'un tout petit rudimentaire à allures si modestes que, jusqu'alors, il était resté inaperçu, met à néant toutes leurs espérances et rend pour longtemps leurs visées chimériques

EAN Jécur(1) comptait un grand nombre d'aïeux à tempérament bilieux, à constitution sèche et jaune, qui, tous, jécorant, avaient pué sensiblement des aisselles.

Lui, Jean, n'était pas sans un certain fumet de famille. En plus il tenait de la nature une membrane de tympan d'une irritabilité telle qu'il osait à peine se parler à lui-même. Un bavard le faisait fuir de dix lieues. Quelques mots, chose extraordinaire, avaient sur son organisation une influence vraiment désastreuse. Le pronom personnel moi mettait en émoi tous ses nerfs. Moâ... je... fortement

(1) Mot latin : Foie.

accentués, jetaient en pâmoison le pauvre homme..... bon diable.. à part cela !

Un matin, à peine éveillé, déjà en colère - Jean, mon ami, se dit-il, la bosse de la vénération nuit à tes agréments. Qu'un pieux buveur tombé en extase devant une bouteille que les années ont rendue pudique, hésite à violer un cachet poudreux ... rien de mieux, mais que plus pieux encore ton sensible cœur sente la componction le déborder à la vue d'une tête blanchie par l'âge, d'un front sillonné de rides, que d'enthousiasme il se contracte à l'idée des idées qui ont pu germer sous un crâne chenu...Bêtise, mon garçon... bêtise... Si tu veux agir en homme sage, apprends à desceller le couvercle, fût-il des plus gothiques.

A quelques jours de là, le joint trouvé, on eût pu le voir s'acheminant vers la place voisine où se dressait un tréteau disposé par ses soins. Sur le tréteau existaient pêle-mêle une futaille en perce, des aréomètres, des verres à pied, tout une série de réactifs; en plus, deux cartons, le premier représentait un *Vibrio Linéola* ◠◯ petit corps compos de deux parts, d'un utricule obrond parais·

sant caler l'édifice et d'un appendice flamboyant qui s'en détachait et qui piquait au
vent. Sur le second carton était dessiné un
granule acaude (⊛), production analogue à
l'utricule mais manquant d'appendice e_t
présentant une carcasse fenestrée.

Jean monta sur l'estrade. Là, ses oreilles
bouchées, la multitude assemblée au son
d'un tambourin, s'inclinant par quatre fois
devant le peuple souverain, se posant en
vulgarisateur de la science, il dit :

Citoyennes, sous l'influence du rayonnement solaire le végétal 'décompose le gaz
acide carbonique qu'il a absorbé, s'assimile
le carbone, rend à l'atmosphère l'oxygène,
le fluide qui nous donne la vie.

Citoyens, sous le feu du génie, l'esprit
humain se comporte de même, Il dégage de
données acquises des aperçus nouveaux,
fournit ainsi à la vie intellectuelle.

Citoyens, Citoyennes, sans le soleil, sans
le génie, plus de réaction, plus de dégage-
ment ; le végétal, l'esprit humain n'ont plus
qu'un rôle passif; ils s'imbibent, tout au plus
deviennent turgescents.

Le principe posé, voyons les conséquences

Pour satisfaire à sa vivifiante destinée, pour éviter la mort, la plante germée dans l'ombre rampe, s'étire, s'aplatit, afin d'arriver au jour. Obéissant à un instinct analogue, chaque mortel pense sentir en lui les effets du salutaire rayonnement, veut à tout prix avoir à opérer sa petite réaction.... Erreur! illusion le plus souvent! que l'on se rassure... nul danger n'est à craindre.

La nature toujours sage a tout prévu. Comme correctif de ce besoin imposé elle a donné à un chacun un petit soleil tout intime qui pour ne pas briller d'un éclat aussi vif ne le maintient pas moins dans un état de moiteur fort agréable; cet astre du foyer, ce soleil de ménage est le *moi*.

O moi, utricule lanternoïde, bulle à dilatation, vésicule toujours gonflée et ne crevant jamais, déroule, nous t'en supplions, déroule à nos yeux rassurés ton parchemin surdistendu, permets-nous d'apprécier le petit appareil ingénieusement surajouté qui te sert de soupape de sûreté, appareil d'où découlèrent à plein jet les faits et gestes des mirifiques Oculis, constitués en la glorieuse quoique infortunée histologic-soc.du doigt dans l'œil, appareil qui contribua à mettre en lumière cet aphorisme puissant : Que même sur le terrain de l'histologie, l'habit ne fait pas le moine.

*Les mirifiques Ocules et Oculis réunis ou l'histo-
logic-s oc du doigt dans l'œil en sa période
d'état, en sa période d'illusion, en sa période
de lutte, le tout finissant par un sacrifice homéopathique et une transfiguration qui donne la morale de la fable.*

§ Ier

PÉRIODE D'ÉTAT.

ST-IL? viendra-t-il? s'incarnera-
t-il? Ainsi soit-il! brament Ocules
et Oculis réunis, constitués en
l'incomparable histologic-soc du
doigt dans l'œil.

Leur clameur remplit l'amphithéâtre, en
fait trembler les murs et résonner le vitrage.

Assis sur une estrade, drapé d'une toge

magistrale, le beau, le fort, le toujours dispos
Torqueubar occupe le centre. Son pieux et
fidèle Acare est à côté. A peu de distance se
remarque le grave et solennel 5-20 100 du
100; un peu plus loin s'agite le perfide et
petit Noyau; tout autour gravite une nuée
de satellites pleins d'avenir, tous rayonnants
dans cette rayonnante compagnie.—Nucléole,
Furfurine, Brimbilla, Azioùka et bien d'autres, les Ocules des Oculis remplissent les
tribunes.

Acare se lève pour réciter le Credo de la
paroisse. C'est un honneur qu'il doit à sa
piété fervente, il dit :

Au nom du passé, au nom du présent, au
nom de l'avenir, gloire à l'Oculerie!

Au nom du passé..... oui, car......

Acte de contrition. — ..... Jadis était, et
on l'avait surpris la nature sur le fait, un
papa gros, bien gros, posé le postérieur sur
une étoile, chaque pied, chaque coude à une
planète. De ce géniteur, de ce Très Haut
s'était écoulé un fleuve, bientôt torrent, peu
après cataracte, enfin, le mouvement de
rotation s'accomplissant, spirale liquide

immense dont les anneaux déroulés avaient envahi les espaces, et tout submergeant, avaient tout fécondé... Les Oculis l'ont dit : On pataugeait en plein......

Blastème (1) psalmodient sur l'air des lampions les Ocules et en chœur.

— Blastème reprend Acare.... Oui... car....

Acte de forme. — ..... Dans ce milieu une cellule était. De cette cellule sortait une deuxième cellule qui se juxtaposait à la première; une troisième en faisait autant; d'autres venaient à la suite, s'agrégeaient au groupe formé. Bientôt les cellules intermédiaires se résorbaient, et il en résultait un canal ouvert aux deux bouts, un tube.....

— Métabolant (2) psalmodient cette fois les Ocules.

— Métabolant, répète Acare...... Oui......,., car...

Acte de vie. — ...., Parmi les cellules constituant les parois du tube, plusieurs s'étant formées en fuseau et aussi en fibres, celui-ci

(1) Blastème : matière organisable sous l'influence d'un ferment.

(2) Métabolant : ayant la puissance de faire changer de forme.

2

s'animait d'un mouvement péristaltique. Aspiré par suite, le Blastème obéissait à un mouvement circulaire. Le roulement commençait.....

Au nom du Présent..... oui..... car.....

Acte de vérité..... D'une vue de première, de seconde, de troisième illuminant le tube d'un coup d'œil de douze cents plongeant dans ses profondeurs, l'histologic-soc du doigt dans l'œil a su y retrouver le tableau du temps jadis, mais cette fois rendu à sa véritable optique, à ses vraies proportions. Au lieu du gros père incongru et de sa spirale liquide, nous a donné tout frétillant dans son utricule, tout tortillant de son appendice hélicoïde, tout coquettant de son individu Petit Papa *Vibrio Linéola.*

— Métabolant aussi, psalmodient encore les Ocules.

Métabolant aussi. — reprend Acare.....
Oui..... car.....

Acte d'admiration. — ... Nageant en plein blastème, pris et rejeté par le tube, Vibrio toujours a reparu et toujours est revenu modifié, corrigé et considérablement amélioré dans son mode, admirons-le dans son plus beau revêtement connu, dans son expression dernière, le type doigt dans l'œil.

Au nom de l'avenir..... Oui..... car.

Acte de foi..... — L'incomparable histo-logic-soc par le seul faît de son rayonnement, allumera le lampion de l'avenir.

L'Oculi est conscient et quoique conscient.

Métabolant toujours, recommencent les Ocules.

Métabolant toujours, reprend Acare... Oui... car....

Acte d'espérance..... — Le choc en retour de l'engin n'a pas dit son dernier mot. Non, il nous réserve mieux encore. D'un météore. Torqueubar a l'élan, le feu, la majesté, le mouvement de rotation, de circumduction et de circumbilivagination ! Que ne doit-on espérer de pareil géniteur ? Attendons qu'à son tour il ait interrogé le tube.....

Acare s'incline, s'asseoit. Torqueubar se lève, salue les tribunes. Une clameur s'en échappe, elle dit :

Au nom du passé, au nom du présent, au nom de l'avenir, gloire à la rayonnante tribu, mais trois fois gloire à l'excitateur incomparable, au métabolateur de la métabolation attendue, à Torqueubar! Qu'il s'incarne! qu'il s'incarne!.....

— Ainsi soit-il, brament de nouveau les Oculis et aussi les Ocules et en chœur, toujours sur l'air des lampions.

Le pieux exercice est clos. Chacun se rend à son labeur. Le nom seul d'Oculi indique un monde de voyants, mais à considerer ce peuple dans ses occupations il est facile de reconnaître qu'il est à part et qu'il obéit à des influences bien supérieures à celles qui régissent l'espèce ordinaire. Les pouvoirs suivants en font foi.

Que Noyau fixe dans le blanc des yeux n'importe quelle Ocule, par ce procédé en apparence si simple, il l'endort et l'envoie dans l'espace et dans le temps à la recherche de ce qui peut lui être utile ou agréable.

Acare, d'un magma quelconque forme un compost, en repaît un animal, le premier venu, et arrive ainsi à le transformer à son

gré, à faire par exemple d'une chatte un
chameau.

5. 20. 100 du 100 prend d'un liquide quelconque une goutte, la soumet à un bil
lionnème de dilution, la convertit ainsi en
une pluie d'or.

De même à la file.

Un article par eux tenu est celui des vues.
Ils en ont chiffrant 1200. De toutes, la plus
remarquable est celle dont ils usent vis-à-vis
de nous. Quel air de commisération, quell
tenue de myope en nous observant.

De la probablement leur est venu le nom
d'*oculi*, aussi parfois de lunettiers.

La Société du Doigt dans l'œil a tout cela,
peut tout cela, et cependant un desideratum
la tourmente. Ces résultats en effet sont
fortuits, quelque peu artificiels et nullement
soumis à des lois fixes et invariables. Que
manque-t-il? Un corps de doctrine vivant,
un sujet, un individu nouveau condensant
en lui, ayant en substance toutes ces facultés,
tous ces pouvoirs encore à l'état d'irréguliers
et pouvant les transmettre par génération.

Un facteur, un géniteur paraît s'imposer
comme un avant-propos indispensable. A

2.

qui pareil rôle pourrait-il être dévolu?
serait-ce à Torqueubar? Qui oserait en
douter! A lui de tirer le N° au-dessus.

Tous les fidèles, nous venons de le constater, en ont l'intime persuasion, tous che-
minent dans cette voie, il est vrai, à des dis-
tances variables. L'un d'eux rapproche plus
que les autres, c'est le fidèle Acare qui, fier
de justifier son nom, vise Torqueubar à mi-
corps et par ce regard fixe et soutenu lui oc-
casionne parfois un certain trouble digestif.
Qu'y pourrait-on ? il croit avoir deviné et
cherche à surprendre un modèle type primitif de retour.

Torqueubar en souvenir de services rendus
y met de la tolérance. Au moment où nous
en sommes toutefois, heureux de s'être soustrait à cette fascination d'un nouvel ordre,
se croyant en sûreté, nous trouvons tout
guilleret, installé dans une salle, à côté de
l'amphithéâtre.

.... Là, attendant l'heure de fournir sa
carrière, déjà se sentant dans les flancs des
velléités de rotation, de circumduction et de
circumbilivagination, il entre en belle per-
formance

Trois courants moléculaires s'y utilisent. Des molécules en effet, les unes pesantes, plastiques, vont donner aux tissus le ton, l'orgasme, le sufficiens robur; d'autres, plus vives, plus légères, arrivées à la périphérie, y éclatent en bulles infinies, créant l'appétit organique; quelques-unes enfin, plus osées, presque téméraires, s'engageant dans un dédale profond, s'y entassent, s'y accumulent, et gênées cherchant une issue, révèlent leur présence par une de ces turgescences vitales qui tout à coup se produisant au grand jour, jette presque à la renverse Acare Joachim, entré en indiscret.

— Oh! oh ! fait-il. Pourquoi oh ! grommèle Torqueubar troublé dans son état, et cet état le rend féroce.

J'ai dit os, reprend Joachim de sa voix la plus douce, parce que... par ce qu'il en a la consistance. Du toucher, il vérifie le fait. J'ai dit haut... parce qu'au moins.... (parmi les fidèles, il en était qui ne sortaient jamais sans tout un attirail de petites bricoles), celui-ci tirant un mètre de sa poche, constate une hauteur de...., une longueur de..... J'ai dit aulx, parce que au seul fumet, l'eau m'en vient à la bouche. Aussitôt il se baisse, salivant, claquant des dents. Effrayé pour de bon, Torqueubar bondit en arrière, se dérobe, va où son devoir l'appelle.

Resté seul, Acare ne se contient plus. « O verge merveilleuse ! s'exclame-t-il, ô clef sans pareille ! ô flambeau de l'avenir ! ô type primitif de retour ! O vibrionide attendu !! Il eût peut-être continué, un état extatique l'en empêche. Un double besoin vient l'arracher à l'extase, tout d'abord le besoin de se rendre chez lui pour tracer bien au long une savante description de cette merveille à peine entrevue, et noter la justesse de ses prévisions ; puis encore le besoin de faire convoquer les fidèles pour leur annoncer l'heureuse nouvelle.

Ευρηκα..., Ευρηκα (1)... chantonne-t-il sur l'air des Lampions, tout en s'en allant et regagnant son logis.

Il vient d'arriver en vue de sa maison, lorsqu'il aperçoit Torqueubar qui s'en éloigne. S'élancer d'un bond, arriver d'un trait à

1. Je l'ai trouvé.

Nucléole (ainsi s'appelle sa féconde moitié)
est pour lui l'affaire d'un instant; peu après
on eût pu saisir les fragments du colloque
qui suit : « Rien, tu n'as rien éprouvé,
avoue-le, dominée par tes sens, ton esprit,
ton intelligence... Vous vous moquez, sans
doute, interrompait Nucléole. — Me moquer, me moquer, moi, de la puissance
indomptée des centres nerveux, de la vie organique, mais tu ne sais pas, toi. — Non,
je ne sais pas. — Comment, tu ne sais pas,
bien sûr tu ne sais pas; entrons dans les
détails. — Allons bien, observait-elle en sou-
riant, mais lui sans l'écouter : ton cœur a
battu, ta respiration s'est accélérée, puis tu
n'as plus rien vu. — Elle de soupirer : on ne
vous voit que trop. — Ton organisme conti-
nuait-il... — Organisme vous-même, lui répli-
quait-elle vivement, et l'interrompant : sachez Acare, qu'Ocule qui se respecte n'est
pas organiste.

Une conversation ainsi engagée ne pouvait que s'animer. Bientôt le Fidèle s'emporte à son tour : « Créature dénaturée, lui-
dit-il, tissu organique et non organisé, il serait donc vrai, tu n'as eu ni tiraillement, ni

contraction, ni secousse, ni spasme, ni sou-
bresaut, pas la moindre irrégularité clonique,
pas la plus imperceptible convulsion téta-
nique, pas le plus petit trémoussement cynique, et il était en... en... en... toi... ô...
ô... Ocule !

La-dessus il improvisait d'enthousiasme et
de mémoire une savante description de l'objet rare qu'il avait pressenti ; et tout à coup
tombant à genoux : « O Vibrionide adoré !
s'exclamait-il, ô mon inespéré ! ô mon tout
doux ! vois à tes pieds ton esclave faisant acte
de contrition, exauce sa prière. Oui, trois
fois oui, Acare Joachim t'en demande par-
don. Le tout divin visitait sa maison et il y
était... en rien du tout. Pardonne, pardonne, si de mes idoles le plus beau, si de
mes hélicoïdes le plus flamberge peut paraître agréable à tes yeux, reçois-le en of-
frande comme une manifestation sensible de
ce culte que je t'ai toujours porté !... permets qu'en expiation l'époux inconsolable
vienne chaque jour dans l'amphithéâtre lui
prodiguer et la myrrhe et l'encens ! »

Cet acte de profonde humilité l'ayant un
peu remis, il se relève : Nucléole, dit-il,

d'une voix ferme, va dans le Bruchium (1), prends la clef 14. Ce numéro du petit registre renvoyant au 540 du grand ; tu iras au Casier correspondant de ma collection. Là, parmi de nombreux modèles se trouve un échantillon remarquable par son caudicule qui ondoie comme un jet de flamme. Va et apporte. C'est singulier, se dit-il tout à coup, je me sens tout chose.

Une hallucination lui montre Torqueubar transformé, battant des ailes : lui veut l'atteindre. Le terrain manque sous ses pieds.

Le retour de Nucléole vient l'arracher à ce cauchemar. A peine rendu à lui il renvoie celle-ci convoquer les fidèles, puis prenant en main le flamboyant modèle, il commence à se diriger vers l'amphithéâtre, lorsqu'une arrière-pensée le fait un moment s'arrêter. Citoyens, en voici la cause.

Alors que jeune encore et ignorant de ses destinées, il obéissait à ses instincts d'artiste, Torqueubar avait craint que parmi les molécules du troisième courant il n'en fût de

_____

(1) Bruchium, lieu de travail chez les Egyptiens.

trop vives, de trop rapides, d'une justesse de portée par trop remarquable ; un produit et un facteur étant donnés, trouver un autre facteur, vrai travail de collégien ! comment y parer !

Citoyennes, Acare avait eu de mauvais jours ; rude poids que celui de la misère ! triste fardeau qui en aplatit beaucoup.

Acare avait accepté d'enthousiasme le rôle de quotient responsable. La bonne nature que Nucléole et quelle richesse de constitution. Ce n'est pas précisément qu'elle y eût du plaisir, mais l'habitude devient une seconde nature.

L'arrière-pensée de Joachim se devine, quoique déjà découragé par les commémoratifs fournis par sa moitié, il fait venir les petits, les palpe, les tourne, les retourne et ne leur ayant trouvé ni bosse, ni appendice nouveau, ni rudiment de protubérance remarquable : « Triste, triste, dit-il, ils sont de moi. » Solennel toujours, il reprend son idole et se dirige vers l'amphithéâtre.

Citoyennes, citoyens, laissons le cheminer, revenons au héros. Rien que par son cicle, apprécions ce qu'il vaut.

Ses libations faites, par là doit s'enten-
tendre l'usage antique et patriarchal qui lui
fait offrir ses prémisses à la plastique Nucléole, Torqueubar, les reins en état, s'élance
dans l'arène.

A sa vue, la fière Afondetrain dont les
saillies musculaires accentuent les harmonieux contours, se cambre, et bravement cam-
pée sur ses hanches, se flatte de tenir tête à
l'orage et de réduire à néant cette audacieuse
vitalité. Fatuité pure! ses muscles fatigués
se détendent, ses contractions languissent; à
d'autres, brame le héros, et d'un bond il
aborde la preste Zizi de Clignancœur.

Ce n'est plus la mâle audace de la première; toutefois, celle-ci le rachète bien par
la souplesse, par le moelleux de ses moyens.
Elle accepte le combat; flexible, tortueuse,
enlace, circonscrit son adversaire, trois fois
elle le fait rugir. Sa victoire paraît certaine,
mais se raidissant par un sublime retour,
Torqueubar revient à la charge et force son
adversaire à lui crier : merci.

En vain, Furfurine qui l'aperçoit cherche
à l'esquiver par une fuite rapide; le terrible
champion est bientôt sur ses croupes. Il l'en-

3

lace de ses bras nerveux, la fixe. Toujours la lutine cherche à se dégager, toujours le héros la ramène. Sans un faux mouvement qui le désarçonne, qui eût pu modérer ses transports!

Brimbilla n'a reçu du ciel qu'une molle indolence. Ses membres délicats, potelés, ne sont points faits pour la lutte; que l'on ne s'y trompe pas, la ruse est dans son cerveau. L'effroi vient encore à son aide. Emue, palpitante, elle élude la difficulté en divisant la résistance; par des attouchements sentis, elle harmonise les trois courants, amortit en les disséminant les forces du lutteur audacieux, pour la première fois le porte à penser qu'il est temps de mettre à l'œuvre son couronnement.

Cette idée à peine éclose, pareille à la Renommée, s'avance la vaporeuse Aziouka. L'aérienne créature plane au-dessus du héros, le circonscrit d'un arc gracieux. Languissante est la spirale par laquelle elle se rattache à lui; bienfaisante est la rosée dont elle humecte sa gorge brûlante.

Du cicle, c'est la clôture.

Heureux et rafraîchi, Torqueubar rega-

gnait ses domaines et tranquillement venait
d'arriver devant la porte de l'amphithéâtre,
lorsque à sa grande surprise, il aperçoit
celle-ci encombrée de petits Oculis. Petits,
petits, leur dit-il, s'avançant vers eux, mais
les petits se sauvent sans rien dire ; poussant
plus avant, il culbute un tas de vieilles ocules
chassieuses qui grignotent des patenôtres.
Qu'est-ce ? leur demande-t-il. A cette inter-
rogation, les vieilles lèvent la tête ; instinctivement fixent leurs yeux sur le point fatigué du lutteur et machinalement font entendre ce cri : Reliques... Reliques... —
Reliques?... Où donc! Là, cela!... Allons
donc, carnes, pense Torqueubar, qui ayant
suivi leurs regards, s'initie à leur pensée et
s'absout intuitivement. N'importe, cette idée
lui donne comme un froid. — Reliques, reliques, recommencent les vieilles de leurs
voix glapissantes. Le héros ne saurait s'y
tromper, une crampe vient de lui traverser
les boyaux. Un frisson vrai, gradué de l'algor
à l'horror, l'a envahi. Il avance néanmoins,
mais à peine entrevoit-il au milieu d'un
nuage d'encens le modèle apporté par Acare
que, surpris d'une certaine ressemblance,

qu'ahuri d'un concours de circonstances dont il ne peut se rendre compte, il sent ses accidents s'aggraver. Le froid augmente, les dents s'entrechoquent. De véritables convulsions cloniques se produisent, le Rigor survient : Acare... Acare... à moi...! n'a-t-il que le temps de crier et il tombe sur le sol, le corps se raidissant par l'effet de crampes.

Au bruit de sa chute, petits et vieilles se rapprochent et forment le cercle autour de lui, non pas que l'idée leur soit venue de lui porter secours, mais leur curiosité déjà excitée par la démarche d'Acare, entretenue par la vue de cet objet qui flamboie, veut être satisfaite.

Les petits, serrés les uns contre les autres, avancent la tête, écarquillent les yeux, ne paraissant pas comprendre qu'un corps puisse se tordre et se convulser ainsi.

Les vieilles, qu'une longue expérience de la vie met mieux au courant, font leurs réflexions : « C'est vraiment dommage, une si belle créature et dans un si bel âge, feu mon défunt... commence à dire l'une. Sa voisine l'interrompt : Votre défunt, veau mort-né, ma chère. — Feu mon défunt, reprend la première. — Veau mort-né ! toujours, repart la seconde. — Vache — Oh! cette génisse!... Evidemment celle-ci fait allusion à un célibat forcé.

Cet intermède sans importance n'a d'effet apparent que de surexciter au dernier point la vieille fille, que de la décider à secouer ses vieux os et à faire pour une dernière lutte, un dernier appel à sa vieille carcasse. Deux résultats autrement sérieux, en sont cependant la conséquence. D'un des côtés du groupe, une jeune inconnue s'arrache à l'état extatique dans lequel a dû la plonger la vue du héros se convulsant, et s'empresse de se cacher; du côté opposé, un petit intrus qui depuis un moment furète, maronne et cherche à pénétrer dans le tas, y réussit, et par son aplomb rétablit le silence. « On serait indisposé, demande-t-il, d'un air dolent; de nombreuses affirmations étant venues certifier ce dont il ne se doutait pas : « Taisez-vous, borgnesses, leur crie-t-il, taisez-vous, des ouvertures que je vous connais, celle qui pue le plus est encore votre gueule, taisez-vous; fermez ce bec par où refluent et dégoulinent aujourd'hui les impuretés que

3.

jadis vous aspirates par le bas; taisez-vous,
je crains l'odeur ammoniacale. » Se pen-
chant vers l'infortuné sans même le regarder, il
commence à lui tâter le pouls, lorsqu'un fumet
qu'il ne caractérise pas, mais qui se caractérise,
vient surprendre son nerf olfactif : « Diable,
ajoute-t-il, diable, voilà une âme qui prend
une sale route, je crains. fort qu'elle n'arrive
pas en bonne odeur » ; et tout à coup, regar-
dant l'infortuné, le reconnaissant, à sa vue
devenant moitié riant, moitié saisi : « Merci,
reprit-il, merci! Deux puissances aux prises..
Torqueubar... Le choléra..., merci... Dé-
crotte qui voudra... Cela dit, il pivote sur ses
talons et détale chantonnant : « J'ai connu
des familles entières qui sont mortes du choléra! » A ce mot de choléra, le vide s'est fait
autour de lui et quelque précipité que soit
son départ, il se trouve encore être le dernier en marche.

Cet affreux petit est l'Oculi Noyau. Il se rendait à la convocation d'Acare, lorsqu'un fumet
à lui connu est venu le détourner de sa route,
ce fumet est celui de Cellulon, sa jeune Ocule.
De Nazo, cet horrible jaloux l'a dépisté. Son
flair l'a conduit jusques dans l'amphithéâtre.

Là, mis en défaut par les exhalaisons des
vieilles, aussi par celles du patient, n'ayant
rien découvert, il s'est vengé de son mécompte
par les impertinences que nous venons d'apprendre. Il reprend son premier chemin.

A peine est-il dehors, que les accidents du
pauvre souffreteux redoublent. Pareil à un
navire démâté donnant tantôt de l'avant et
tantôt de l'arrière, Torqueubar en est à se
demander par quel côté il va sortir.

Ses paupières s'entr'ouvrent une dernière
fois comme pour lui permettre de le constater. Son œil tout d'abord roule dans le
vide, n'apercevant que le flamboyant modèle. Tout à coup, ô prodige, devant lui se
produit l'image d'une jeune inconnue. Ses
lèvres font la moue et bientôt d'une contraction dolente laissent tomber ces paroles :
« Stupides allopathes, rien oublié, mais, rien
appris... à tempête... grain. »

De ses doigts effilés elle tient un léger
globule, elle le dépose sur la langue du
patient. « De par Cellulon, ranime-le, dit-
elle. » Cela fait, elle s'éloigne d'un pas majestueux, non sans lui envoyer de temps à
autre un coup d'œil sympathique.

Instantanément, les forces reviennent au héros.

Acare, il me le faut, vocifère-t-il, à pleins poumons... Acare... à moi, à Torqueubar. Il veut se précipiter, mais collé comme il l'est du derrière, il ne peut que jeter aux échos des environs son grand nom Torqueubar !

Acare, où étais-tu et où es-tu, que tu sois resté et que tu restes encore sourd à l'appel de ton chef ? Acare est au milieu des fidèles. L'œil en feu, le cheveu prophétique, il tient suspendue à ses lèvres toute l'oculerie. Le nouveau culte à peine établi dans l'amphi-théâtre, il est accouru chez lui pour se trou-ver à l'arrivée des fidèles et maintenant que l'histologic-soc l'entoure et le fixe bouche béante, il ne peut que répéter ces mots : » « Il est.., il est, je l'ai tenu à belles mains... Mais qui? mais quoi? demande-t-on de tous cotés. Qui?... quoi, répond-il, la clef de la race nouvelle!. quoi.. que? L'ancre de salut, le type primitif de retour! qui.. que?. L'inespéré Vibrionide en corps et en âme!!

Aux explications qu'il en donne, à la révé-lation de l'heureux possesseur du précieux outillage, Noyau se permet de sourire. Acare

qui le voit, s'élance sur un emblème flamboyant mis en réserve et le produisant aux
yeux de tous réduit à néant cette petite
velléité d'opposition : » Ce spécimen, dit-il,
n'est que fade copie, que fac-similé indigne,
car il n'a pu mouler l'original. N'importe,
son sérieux s'affirme de lui-même.. Les
plus osés baissent la tête. « Humiliez-vous,
frères, reprend-il, humiliez-vous, humilions-
nous tous et devant ce timide modèle appre-
nons nous à glorifier celui qui est. »

Citoyens, imitons-le ; Citoyennes, pour
mieux y réussir, revenons de quelques pas
en arrière, recherchons les effets dans leurs
causes ; pendant que les évènements se pré-
parent, buvons encore de la doctrine, faisons
connaissance avec le Bruchium d'Acare.
Inspirons-nous, et sous le coup de l'inspira-
tion, disons :

O Vibrio Linéola, grâce à ton appendice
hélicoïde pointant en avant, elle a été percée
à jour, cette tradition surannée et dérisoire
qui voudrait ne voir dans l'œuvre de la
nature animée qu'une procession monotone
sortant d'un couloir par une porte et y
rentrant par une autre, procession toujours

la même, sauf de temps à autre, quelque démolition dans les types parus.

O puissants rayons émanés de la resplendissante tribu, non seulement vous avez illuminé les profondeurs du tube d'où la colonne vivante à surgi, non seulement vous avez mis à jour la marche, les progrès de celle-ci, mais parmi vous il en est qui plutôt calorifiques et chimiques élaborent l'alliage qui doit servir de soudure pour river le chaînon Oculi au chaînon au-dessus. Dans ce foyer où scintille inondé de feux, Torqueubar, plus rubicond qu'un météore, nous le savons, tout lunettier sait entrevoir le creuset de l'avenir. Il n'en doute pas, en cette économie précieuse existe à l'état virtuel le principe, l'influx qui doit réveiller le pouvoir métabolique de la nature et donner vie à l'archétype attendu. Un seul détail échappe encore, par quel mode s'effectuera l'opération? Ici les opinions divergent et chacun, dans l'attente du grand événement, suit ses inspirations, s'ingénie à faire prévaloir son idée.

5. 20. 100 o|o, homme de tradition et de rapport, a été d'avis que l'on ne mît pas

complètement en oubli les procédés usités
jusqu'à ce jour, quoique vulgaires. Il a saisi
l'indication du mouvement de rotation du
héros, et ce n'est pas sans un certain lucre
qu'il est arrivé à engrener dans le rouage,
de pas mal de chacun les chacunes.. Torqueubar, nous l'avons vu, sait se maintenir
à la hauteur de sa mission.

Noyau, et pour cause, déclare insipide ce
mouvement de manège ; très haut, bien haut,
il prétend que c'est faire injure à la nature
que de ne lui supposer qu'un corps de
pompe. Avec un aplomb au-dessus de sa taille
il opine pour que l'on concentre les rayons
de plus en plus. Une haute température pro-
voque l'expansion, dit-il, pousse à la bosse,
fait prédominer le système nerveux. Qui a
le nerf, est apte à tout, peut se présen-
ter partout. Il l'affirme à ne pas laisser
place au doute, sous l'influence d'une bonne
moiteur soutenue, l'illustre se perfection-
nera de lui-même, sur place, et tout à
coup. se produira muni d'attributs étonnants; tous bas, bien bas, il se répète à
part lui, « Cellule m'amie (Cellulon est sa
moitié)... Cellule m'amie, j'entends que

vous soyez close, excepté pour votre serviteur. » Il est jaloux, jaloux qu'au seul
fumet, comme déjà nous avons pu l'apprendre il dépiste son Cellulon. Jusqu'à ce
jour il a réussi à cacher son existence aux
frères et amis, partant à la soustraire au
mouvement de circumbilivagination. Heureusement, car un seul mot de cicle, de
Torqueubar, c'est toute une horripilation...
Oui, plutôt la mort!... pour lui... non...
pour Torqueubar. Jugez de sa satisfaction
en trouvant ce dernier aux prises avec le
choléra. Il s'est bien gardé de lui porter
secours, à cette heure même il le croit passé
de vie à trépas et juge la position élu-
cidée.

D'enthousiasme Acare est pour tout ce qui
peut réussir. Dans son for intérieur il n'espère
qu'en la forme... car toujours elle emporte
le fonds. Écoutons-le plutôt : Avec l'éducation, ce moule du jeune âge, dit-il, n'arrive-
t-on pas à créer.... *ad libitum* et à discré-
tion des sujets étonnants dans le passé, re-
marquables dans le présent et toujours pleins
d'avenir. Manque-t-on de procédés pour
modifier à volonté n'importe quel légume,

n'importe quel bestial ! Lui observe-t-on que toutes ces modifications, que tous ces perfectionnements sont fadasses et touchent de près à la pathologie. Acare en convient presque, mais ces résultats, dit-il, sont ceux de l'espèce ordinaire, de celle au-dessous. Elle-même, continue t-il, cette espèce ne joue-t-elle pas vis-à-vis de nous le rôle de bestial ? Quelle distance nous sépare, et cependant nous sommes reliés. Oui, il est toujours là, cet hiérogliphe de la nature, cette virgule virgulant annonçant la suite du discours. A-t-on cherché seulement à se rendre compte de cette forme symbolique commençant par un point, le fait acquis, et se continuant par un conjonctif, le trait d'union ? A-t-on seulement réfléchi à l'identité de forme du contenant et du contenu ? Comment a-t-il pu se faire qu'on ait mis en oubli des points aussi vitaux ?

Cette lacune regrettable de la science, tous ces desiderata, Acare n'a pas craint de les aborder de front. Il tâche d'y porter remède autant qu'il est en lui. Chaque jour, avec le secours d'aides intelligents, il confectionne, et cela en bois, en stuc, en plâtre, en marbre, toute une série de modèles représentant les deux parties constituantes de la Virgule virgulant, comme il le dit.

Parmi ces modèles il en est d'allures bien différentes. Chez quelques-uns, la partie globuleuse surdistendue paraît traîner à sa suite l'appendice qui flotte honteux et pendant ; chez d'autres, le caudicule dressé, raide, remorque le globule qui n'en peut mais et qui suit froissé, flétri. Des caudicules, les uns sont droits, les autres courbes, d'autres tors. Il en est qui en vrille, qui en jet de flamme. Enfin, par condescendance, pour montrer jusqu'à quel point il est resté observateur scrupuleux des formes fournies par la nature, dans son musée se voient deux modèles absolument obronds, partant acaudes ; leur carcasse est fenestrée. A ses yeux ce sont de pauvres avortons.

Les échantillons vont chaque jour s'accumulant, et constituent une importante collection. La collection fait école, cela avec d'autant plus de vogue, qu'Acare a établi qu'il faut se méfier des écarts de l'imagination, des erreurs de la raison ; qu'une maxime par lui souvent proclamée est que le hasard est

son maître, qu'en esclave soumis il attend
une indiscrétion. N'importe, entraîné par je
ne sais quel extra courant de creux de main,
il en est venu à avoir une prédilection mar-
quée pour la forme en jet de flamme; peut-
être un appendice flexueux et lavasse lui at-
triste-t-il le cœur, lui rappelant ce qui n'est
plus; au contraire, le sent-il battre et bondir
de joie à la vue de cette flamme pour lui
symbole de l'avenir? Y aurait-il influence
cabalistique? Nous ne saurions dire, toujours
est-il que là est son modèle préféré, modèle
baptisé par lui du nom de Vibrionide, autrement dit, forme vibrion. Nul doute, pense-t-
il, nul doute ne saurait être permis au sujet
de la venue d'une nouvelle série progressive,
si ce type embryonnaire, si ce primitif de
retour apparaissait tout à coup et entrait en
ligne de son chef, comme agent de révolu-
tion.

Jugez de son saisissement, c'est cette forme
caressée, c'est cette virgule de choix qui suivant ses prévisions inopinément s'est révélée
se détachant, noble appendice, de Torqueubar, se détendant manifestation sublime du
troisième courant! Le sens de la vue peut

tromper, Acare a eu recours au toucher;
son creux de main s'est ému à ce contact,
car il a retrouvé son Vibrionide non plus
cette fois, froid et inanimé, mais doué d'une
vitalité puissante, révélant au travers de son
cortex, tout un monde inédit de tourbillons
en ébullition; il a voulu faire faire appel aux
autres sens, l'illustre ne l'a pas permis, et
vous voudriez que Joachim ne pensât pas
avoir saisi le nœud de la question!... non,
plutôt exiger de lui qu'il renonce à son principe : que le mode de figure est un sûr ga-
rant de l'essence de la chose !

Nous l'avons laissé entouré de toute l'oculerie stupéfiée. Son enthousiasme peu à peu
est devenu sympathique. Cet idole qu'il promène aux yeux de tous et qui flamboie, a
fini par tout embraser. Au moment où nous
en sommes, la paroisse entière a mis la collection au pillage; tous, un emblème en
main se rendent processionnellement chez le
héros. Noyau, seul, sourit encore, et cette
fois fredonne à voix basse un *requiem*, toujours sur l'air des Lampions.

Précédons les citoyennes, citoyens, sachons
où en est l'infortuné convalescent.

Echappé à la rude guerre intestine qui a failli le couler bas, enivré par cette vision qui a peine entrevue, s'est évanouie, Torqueubar par trois fois n'a fait qu'un bond de chez lui chez la pétillante Prurigo ; trois fois il en est ressorti la honte au cœur.

Nous le retrouvons plus timoré qu'un lièvre, occupant son siège dans l'amphithéâtre. Sa tête repose dans sa main gauche, ses lèvres murmurent *ab irato* « mon petit saltimbanque, qu'est-ce à dire, serions-nous désossé? Soyons plus gentil à l'avenir. Veuillez comprendre, je vous prie, que loin de satisfaire, la parade la mieux entendue ne fait qu'irriter le désir !.. »

Sa main droite, pendant ce temps, s'abandonne à une correction toute paternelle. Sa voix peu à peu s'éteint. Il est là dans le vague, lorsque débouchant en foule, idoles en main, les Oculis fidèles viennen faire le cercle autour de lui : Hozannah! hozannah! s'écrient-ils tous à tue tête ; tous, sauf Noyau qui, à la vue de Torqueubar ressuscité, est resté sans voix.

Le héros entr'ouvre à demi les yeux, le plat de sa main droite joue avec l'infirmité.

Bientôt, s'initiant au motif de l'ovation dont il est l'objet, il ne peut y tenir, se lève et produisant aux regards de tous son infortune, d'une voix caverneuse laisse tomber ces paroles : *Perinde ac cadaver.*

PÉRIODE DE LUTTE.

A salle à côté de l'amphithéâtre a été transformée en un laboratoire. Torqueubar y repose sur une estrade. Autour de lui Furfurine, Aziouka, Brimbilla et les autres remuent cornues, chauffent alambics, composent des philtres. On les voit à l'envi distiller des minoratifs, de resserrants, des sédatifs, des excitants, des lénitifs, des maturatifs, toujours dans cette pensée consolante que tout chemin conduit à Rome.

Que les temps sont changés! autant est mouvementé cette fois le rôle des paroissiennes, autant celui du héros est devenu passif.

Chacune d'elles vient processionnellement humecter de son breuvage les lèvres du patient; toutes, mais vainement, cherchent à constater un résultat; lui l'œil rêveur et béat paraît ne pas même se douter de leurs soins.

Comment a pu se produire pareil changement de tableau et par quelle succession d'incidents en est-on venu où l'on en est? par un enchaînement de faits bien naturels et que nous allons vous dire.

A qui n'est pas aveugle né, Citoyennes, bien cruel doit être le souvenir des beaux jours où comme l'aigle d'audace on fixait le soleil.

Citoyennes, étrange est un phénomène de nerf qui veut que tout corps froid, mou, flasque, vous crispe, vous électrise, vous fasse affluer la salive à la bouche.

Depuis son malheur, Torqueubar obéissait au premier sentiment, portait la main où il n'avait plus que faire; tombant aussitôt sous le coup du phénomène nerveux il sputait, il sputait qu'il en maigrissait, qu'il en fondait à vue d'œil.

On le comprend, provoqués par un danger aussi imminent, les événements avaient dû

se précipiter. Au secours de la grande infortune, tout d'abord était accouru 5. 20. 100
du 100 : « Les petits moyens m'ont toujours
produit de grands effets, dit-il.... non, géné-
ralement on ne sait pas tout ce que peuvent
les petits moyens; par exemple un dévot et
benoît souffle dans tout commerce profes-
sionnel » Il avait sorti un petit carré de
papier ayant son nom à chacun des angles
et avait écrit dessus : « Rasez-vous souvent
et ras... souvent et raz.. et rras.. et rrras »,
Le seul résultat ayant été de convertir un
bois taillis en un fourré des plus touffus, lui
sans s'étonner : « Ignorants, dit-il, ils auront
commencé par le côté gauche, le *quid divinum*
aura fait défaut. » Il sortait imposant et mé-
prisant.

Ce premier rôle n'était pas encore dehors
que marchant sur ses traces et le singeant,
Noyau disait : « Et moi aussi je reconnais les
infiniment petits et leur toute-puissance;
qui a valu aux moines leur réputation, leur
paresse ? erreur; leur bonne chère ? erreur...
Je ne crains pas de le dire, le hasard est le
vrai maître (Acare qui était présent, approu-
vait du bonnet.) — Oui, un grand maître,

avait repris Noyau, fier de cet assentiment, le vrai... le seul. Ma méthode, je ne crains pas de l'avouer, est fille du hasard, mais en disciple sagace j'ai su en faire mon profit. je le traduirai scientifiquement par ces mots: « Magnétiser le capillaire. »

Au moment où tout le monde ébahi en était à attendre la conclusion, il avait ouvert une boîte et frappant trois coups sur son fond, d'une voix solennelle s'était écrié: «*Ite, crescite et multiplicamini.....* Qui la leur a valu? la vermine!»

Le bois touffu grouillait de petits êtres, leur gymnastique variée eut pu tenir l'assistance en suspens, mais Acare qui depuis l'exposé doctrinal de Noyau grossissait à vue d'œil, tout à coup avait éclaté: « ahémohypomorphvite, s'était-il écrié, qu'à l'ahémohypomorphvite succède l'hémihypermorphvite! » A cette explosion, les digues avaient rompu. Brusquant toute étiquette, un à un ou par groupes s'étaient produits à la file, les pôtards spécialité et les pilulards à la rescousse... l'iatre mouche cantharide, l'Iatros peau d'oison plumé, l'iatre graisse d'écureuil châtré, l'iatros fiente de lézard

l'iatre....—Ahémohypomorphvite, reprenait
Acare. — Cette fois, culetant et culbutant
était arrivé le tohu-bohu des courtiers, rac-
coleurs et autres pitres de bas étage. —
hémihypermorphvite, rien de plus, rien
de moins, s'écrie de nouveau le fidèle... que
l'on infuse, que l'on transfuse!!. — Dans la
cohue aboyante et barriolée il en était qui à
pied, qui en voiture, qui en bottes vernies,
qui en souliers éculés, qui le chapeau sur la
tête, extra-forts, qui si plats qu'ils n'étaient
perceptibles à l'œil nu... — Que l'on infuse,
que l'on transfuse, hurlait une dernière fois
Acare, je le répéte, qu'à l'ahémohypomorphvite succède l'hémihypermorph vite.., vite...
witte..! — On y va; on y va, que diable, un
peu de patience, avait riposté Noyau.

« Si je me pendais un tout petit peu, cela
peut-être ferait bien, cela peut-être serait
mieux » Cette réflexion était du patient lui-
même qui, ahuri par cette douche d'opinions
s'était cru bien en droit d'émettre une opinion. Erreur, devant pareille hérésie, le
fleuve consultant avait éprouvé comme un
remous. Acare en était resté figé sur place... »
Se pendre... se pendre, répétait-il... Voir se

balancer au gré des vents, l'espoir, le fonde-
ment de toute une race à venir et supérieure »!! — Qui sait... qui sait, avait osé
articuler Noyau, je sais un cas... et moi, je
vais en accoucher d'un, avait riposté Acare.
D'un bond il s'était élancé, et portant le petit
par le collet, il allait sérieusement contrôler
l'expérience *in animâ vili*, lorsque l'on
était accouru dégager le moucheron.

Cet incident avait amené une trève; à cette
trève Torqueubar avait dû être initié à une
nouvelle phase de son existence.

Oui, citoyens, il s'est remis en mémoire ce
bon petit jeu d'autrefois qui lui a valu de si
doux loisirs et à fait appel aux courants moléculaires; phénomène singulier, c'est un con-
tingent tout nouveau qui s'est ébranlé. Les
molécules cette fois d'essence plus éthérée ont
ont mis en jeu des forces telles que le héros
entrant de plein pied dans le pays des chi-
mères, est arrrivé comme chez lui dans le
domaine des illusions et des hallucinations.

Tout d'abord, c'est un reflet, puis se dessine une image adorée ; de gracieux tableaux
se constituent ; quelle que soit leur donnée,
une finale toujours la même, se produit ; deux

bras allanguis envoient des passes, deux doigts effilés filent un globule; le globule coupe court au spasme nerveux.

Le souffreteux se délectait à ses mélancoliques contemplations, et volontiers il serait resté sous le charme ; mais si le calme était dans son cœur, pareil état de béatitude était loin de régner autour de lui.

Depuis longtemps déjà on voyait le troupeau des Ocules moutonner comme sous le vent d'une terreur panique. Des groupes formés par elles s'échappait un bêlement plaintif, appel réaliste et bien digne d'intérêt.

Aussi, sur la proposition qu'elles étaient venues formuler, d'apporter leur concours et d'occuper le laboratoire, toutes facilités leur avaient été données, pour tenter l'essai de quelques élixirs de leur cru. Ainsi s'était établi ce second flux que l'on aurait pu dire cataménial.

Nous venons de l'apprendre, louables sont leurs efforts, mais ils tendent vers un but qui ne répond pas précisément à la grande indication demandée. Leurs breuvages divers subissant la nouvelle disposition orga-

5

nique acquise par le héros, obéissant au nouveau courant établi, vont retentir où l'on
n'aurait pu croire, produisent des effets que
l'on eût été loin de supposer. Torqueubar en
éprouve cette seule modification qu'il s'initie
sans s'en douter, à l'esprit des médications
essayées , aux idées théoriques qui ont
dicté leur application pratique. Il s'imprègne
de ces doctrines comme un philtre et devient
sans en avoir conscience, maître passé en
l'art de tous errements s'adressant à l'intelligence des masses. Oui, au moment où
nous en sommes, magie, alchimie, homéopa-
thie, spiritisme , socialisme, magnétisme...
toute science occulte et lui ne font qu'un.

Comme individualité il répond à tous les
desiderata de la paroisse, comme filiation à
établir, la question est toujours pendante ;
c'est évidemment un grand pas en avant,
mais il reste le *saut*.

Une position critique à ce point commande
un suprême effort, personne ne le met en
doute. Une action combinée se prépare, le
mot de dictature a été prononcé ; mais
hélas ! aussi ici comme partout, comme toujours, des divergences se produisent. Déjà

même, semblables aux oiseaux précurseurs de la tempête, de fortes personnalités de l'oculerie se sont dessinées dans les brumes. Mentionnons pour mémoire les suivantes.

Expérience passe science, ne cesse de répéter un languetteur enragé dont c'est le cri de guerre. Il veut languetter partout, le très cher..., mais partout. Si on ne le retenait, il se collerait comme une sangsue.

Un transalpin du plus grand mérite parle, lui, de tourner la difficulté. Aux objections qu'on lui oppose, il répond par son dire, en y mettant l'entêtement, l'insistance de celui qui, n'ayant qu'une idée en reconnaît la supériorité. C'est effrayant.

Un autre fixe de l'œil le patient et lui fait des grimaces. Un indiscret se permet-il de sourire : « Arrière, fils de Babouin, lui crie-t-il, arrière, laisse chacun exercer sa petite industrie. Qui connut l'influence des gri maces sur ton espèce sut se créer bien des loisirs. »

En définitive, deux courants finissent par s'imposer : à la tête du plus considérable est Acare, Acare qui toujours poursuit son idée. Naguère consterné, maintenant radieux, il va partout, soutenant *mordicus* que sous peu on verra miracle. Aveugle serait celui, dit-il, qui dans ce temps d'arrêt ne saurait reconnaître le recueillement de la nature se préparant à une grande œuvre.

La question est toute physique... Jamais fait plus que celui-là n'a été du domaine des sens... Son rôle à lui est parfaitement défini... A ceux qui pourraient craindre qu'il ne se montre pas à la hauteur de sa mission, il ne demande qu'une chose, du temps, quelque temps encore et alors on sera édifié. *Il tranchera dans le vif.*

En attendant, il ne sort qu'escorté d'un grand nombre de disciples. Ceux-ci quoique plus exaltés que leur maître, ne viennent pas immédiatement derrière lui. Comme premiers suivants il a tout un bataillon de caniches. Infortunés Barbets, connaissant vos allures, qui eût pu prévoir votre destinée ! Chaque cause a ses martyrs. L'ahémohypomorphvite eut les chiens. Ils furent taillés et mis en coupe.

Petit, partant homme d'opposition, Noyau lui aussi a dérivé son petit flot, s'est mis à la tête d'un parti minime, il est vrai, mais qui réussit d'autant mieux à le mettre en évidence. Un instant surpris en retrouvant vivant le héros qu'il croyait passé de vie à trépas, il a bien vite repris ses allures. Maintenant la tête fièrement jetée en arrière, les joues distendues, il hume l'air à pleine poitrine, semble défier l'aquilon ou mieux souffler lui-même la tempête. On dirait qu'allégée d'un poids, sa petite taille a grandi. Ce que ce petit corps a amassé de haine est effrayant; cela, sans motifs réels, par le seul effet d'une imagination envieuse et malade. Le malheur du héros l'enfle comme un succès à lui. Il s'en réjouit : « Pauvre affligé, murmure-t-il, et un ris sardonique illumine sa petite physionomie ; pauvre affligé et dire que cet étalon avait le courage, que dis-je, l'amour-propre de son emploi. » Poursuivant son idée, il en arrive à déplorer le sort de la plus belle moitié de l'espèce, esclave de nature, n'ayant d'existence qu'en vue du produit... Très vrai le petit homme est ainsi, la mission, harmonique à l'homme, le plan de campagne, digne de la mission...

. Son mode de médication n'est rien moins qu'une découverte à lui, qu'une pratique

5.

restée inédite et baptisée par son auteur du nom de *traitement facultatif par secousses intermittentes et graduées.* Sous peu il en tentera un premier essai.

Tels sont les deux courants, courants de tendance opposée et que nous verrons cependant converger pour une même fin, probablement en vertu d'une loi analogue à celle qui en chimie fait résulter la neutralité de la mise en présence de propriétés contraires.

A de plus forts, le point scientifique. Bornons-nous à enregistrer au fur et à mesure de leur venue les divers ingrédients qui viendront s'ajouter dans ce but. Pour commencer, disons-le, tout à sa sotte vanité, le présomptueux et petit Noyau n'a seulement pas réfléchi que vouloir et diriger sa volonté dans la mesure de son talent, c'est pouvoir au-delà de toute prévision; que le maître alors étend son domaine; que le corps, instrument soumis, met en jeu sans le moindre effort tout ce qu'une longue étude seule a su lui acquérir de facultés nouvelles; que pouvoir ainsi, c'est toucher au génie, qu'au génie bien souvent est reservée la

couronne de martyr, que son Cellulon
marche dans cette voie; que sa Cellule
mamie se laisse aller à la dérive, obéissant
à l'influence d'aspirations qui, connues de
Noyau, le chagrineraient, le ratatineraient.

Cellulon, en effet, comme une timide
enfant qu'elle est, rougit au moindre mot,
soutient à peine le regard du coin d'un œil
prêt à se dérober : peut-être remue-t-elle un
peu trop, étant assise? De l'esprit, de l'em-
bonpoint elle en a ce qu'il en faut. Aux animaux, elle laisse le besoin impérieux et
brutal de procréer, aux amoureux leurs
fureurs, leurs pâquerettes cueillies par n'importe quel tour de gymnastique. Brutalité
pour brutalité, elle eût autant aimé la première. La perfection, s'était-elle dit, est fille
de l'analyse. A force d'analyser elle en est
arrivée à conclure que le beau, que le vrai
en amour est une coquetterie bien entendue
qui, loin de s'arrêter au beau moment, sait
y créer de nouveaux charmes. De la pas-
sion elle a fait un art, art d'autant plus
attrayant que, dans l'exécutif, il nécessite
l'intervention d'un ouvrier compagnon et
que celui-ci loin d'exciter le moindre

ombrage se fait adorer en raison de son
mérite. Reste un point qui la met hors
ligne. De la nature ayant reçu certain don,
elle a dirigé sa vie en ce sens et si bien, que
son intelligence s'identifie à la fibre sensible,
que cette fibre lui donne du frisson pour
un rien, que sa motilité s'est accrue de
tout un système de petits muscles, muscles
habituellement rudimentaires, mais chez elle
d'une action non douteuse et progressive,
enfin que l'enfant travaille en état de seconde
vue, ayant l'intuition parfaite de son colla-
borateur.

A moins d'être partisan ridicule des discours dialogués, on ne saurait lui faire un
reproche du léger abus qu'elle fait du langage
de la nature dans ces représentations mimi-
ques qu'elle affectionne tant. Ce serait pure
cruauté, car la pauvre, comme finale, verse
des pleurs.

A-t-elle eu tort de se ranger sous la ban-
nière de l'éclectisme? Au point de vue de
l'art, non.. Chercher, observer, c'est s'ins-
truire. Puiser aux bonnes sources, est le
vrai moyen de parfaire son éducation. Au
point de vue de Noyau? peut-être.. Chcr-

cher, c'est s'exposer à rencontrer sur sa route
Torqueubar et le choléra aux prises. Etre
instruite, c'est être à même d'apprécier ce
qu'à de vigueur une constitution en la
voyant se convulsionner sous le doigté d'un
artiste aussi éminent. Encore... Le goût
de l'éclectisme suppose évidemment celui
de la variété dans l'admiration ; Cellule est
assez adéquate à cet ordre d'imprégnation
d'idées..... Au fait, pourquoi pas? la belle
affaire vraiment! Qu'est pour elle, Noyau?
tout simplement un accessoire de route
qu'elle a pris pour se maintenir en haleine....
Disons-le, celui-ci se montre digne de son
emploi, est des plus réguliers. Avantage
sérieux sans doute, mais qui ne saurait justifier cette pensée dans laquelle s'entretient
ce bouffi petit qu'il est appelé à commander
aux événements, qu'il va frayer une voie
nouvelle. Un trou de rat n'a jamais constitué
une issue suffisante. Hélas! qu'il est loin de
compte! Alors qu'il pense s'imposer comme
abstracteur de quintessence, il touche à ce
degré d'insanité où une intelligence déviée
précipite elle-même sa ruine. Descendu sur
le terrain de la pratique, il espère par un

premier essai de sa méthode opérer une
diversion utile et agréable, et le moment est
venu où il va lui être prouvé que toute qualité a son revers de médaille..... oui.....
Citoyennes, à l'heure actuelle et par ses soins
un certain nombre de fidèles se trouvent
réunis autour de la grande infortune. « Du
beau sexe et de son peu de liberté.......
commence-t-il par dire.... tout entrepris
qu'il est Torqueubar dresse l'oreille.... de
ventre », poursuit le petit et là-dessus il entre
dans des explications que nous ne saurions
répéter. On en prendra une idée en sachant
que le clysoir y figure sous forme d'un personnage allégorique, qu'un aperçu statisti-
que sur l'influence de cet outillage sur la
population est censé donner à l'ensemble de
l'œuvre un vernis scientifique du plus
heureux effet. C'est du moins l'opinion de
l'orateur, car, jubilant dans sa cravate, d'un
œil épanoui il cherche dans la physionomie
des assistants un sourire sympathique; il
rencontre dans le regard du héros un tel
éclair de colère, qu'effrayé pour de bon, il
court s'abriter sous l'aile d'Acare, renonçant
pour le moment à son mode de médication.

Acare, bon prince, l'entraîne chez lui, puis
dans son Bruchium; arrivé dans ce sanc-
tuaire d'armoires, tire de petites caisses, des
caisses de petits outils et tout à coup de la
main montrant la précieuse collection étagée
dans les vitrines, lui démontre péremptoire-
ment que de l'Iatrie il a plein ses chausses,
ce qui ne veut pas précisément dire qu'il
en sente meilleur. Que l'on en juge pluôt
par ces quelques fragments d'une improvisation de tous les jours. « Un coup d'œil,
je ne vous demande qu'un simple coup
d'œil et répondez-moi sans hésiter. Ne voyez
vous pas se dresser devant vous le problème
à résoudre. Redresser l's italique; n'en
saisissez vous pas les difficultés..... Le sang
anime le nerf, dira l'un... par le nerf circule
le sang, objectera l'autre, cercle vicieux,
diront-ils tous deux... Cercle à crétin, leur
répondrai-je, *non licet omnibus adire corin-
thum*. Nouvel Alexandre, j'ai tranché le
nœud gordien. Où prendre le sang? Parbleu,
où l'on veut. Voyez, examinez ce petit
appareil de mon invention, qui, je n'hésite
pas à le dire, est des plus ingénieux. Veut-on
le transfuser? voyez, examinez ce deuxième

petit appareil, peut-être plus ingénieux que
le premier : Aider au phénomène vital!....
Étudiez dans ses détails ce troisième petit
appareil, toujours de mon invention, et qui,
j'ose l'espérer, ne le cède en rien aux deux
autres. » Il avait commencé sa démonstration
sur des pièces sèches, mais arrivé au troisième appareil, emporté par le feu du débit,
il vous déboutonne Noyau, qui n'en peut
mais, lui fait si bien apprécier sur nature les
détails, les perfectionnements de cet outillage, que Noyau, saisi, surpris, exécuté sur
place, lui laisse preuves en main un témoi-
gnage de bien travaillé.

Acare, au comble de l'exaltation et se
secouant les doigts, l'embrasse d'enthousiasme
et lui glisse dans la poche, sans qu'il s'en
doute, un long mémoire où sont relatés les
faits que nous venons d'apprendre. Il en est
à lui tapoter sur les joues, lorsqu'il l'entend
murmurer ces mots : « Cellule mamie......
Cellule mérotte..... ma petite Cellule à
Noyau... » Hébêté encore, Noyau obéit à
une habitude prise. L'autre aussitôt d'ajouter : « Ne vous tourmentez pas pour si peu,
laissez paraître Vibrionide et la cellule sans

Noyau, j'en fais mon affaire. » En manière de protection, il veut lui prendre le menton, mais à sa grande surprise le petit lui lance un regard furieux et aussitôt s'enfuit, ses chausses encore à la main. Acare le regarde s'en aller, refléchit, et bientôt se frappant le front range ses machines, rédige une note et sort aussi en courant. Il s'agit pour lui d'aller au plus vite faire acte authentique de priorité d'invention.

Citoyennes, puisque les voilà partis, profitons de l'occasion pour retrouver Cellulon. Une vue d'intérieur et rétrospective nous initiera à sa pensée et nous permettra de renouer la chaîne des faits.

Nature artiste, nourrie d'études fortes, tenue en haleine par un exercice de chaque jour, ayant d'un tempérament exceptionnel le don de sensations indicibles, Cellulon était vite arrivée à l'apogée du talent. Ce résultat obtenu, un désidérata s'était imposé à elle, trouver un partenaire digne de son mérite ; elle allait errant à l'aventure pressée par ce désir, et un beau jour, nous le savons, le hasard jetait sur son passage cette forte organisation correspondant à ce riche nom Tor-

6

queubar. Son saisissement avait été tel que
peu s'en était fallu qu'elle ne devînt crimi-
nelle. Sans la lutte des vieilles, sans le fausset
de son noyau, peut-être n'eût-elle pas songé
à intervenir en temps utile, peut-être se fût-
elle absorbée dans ce tableau qui la ravissait,
au point de laisser s'accomplir un dénoue-
ment fatal. Heureusement toutes ces notes
discordantes étaient venues rompre le charme.
L'enfant, d'instinct, avait paré au danger,
mais d'une manière imcomplète, son impression dominante avait été cette appellation
Torqueubar, nom cabalistique qui retentis-
sait encore à ses oreilles. Depuis lors il lui
arrivait souvent de l'évoquer. Pareille aux
preux des temps héroïques, l'œil en feu, la
chevelure au vent, la narine dilatée, elle lui
jetait maint défi, le provoquant en combat
singulier, à champs clos, à armes courtoises.

Ce qu'eût été pareille joute, l'imagination
seule peut le faire pressentir. L'artiste, dans
son esprit, en combinait les détails avec
amour. Dans cette séduisante perspective
elle avait cru devoir remanier son jeu. Une
répétition générale avait été entreprise dans
ce but. Depuis quelque temps elle y utilisait

Noyau... Au moment où nous en sommes,
un seul, un dernier détail lui restait à recti-
fier. Pour sûr elle avait la retouche voulue.
Théoriquement la chose ne pouvait souffrir
l'ombre d'un doute... pratiquement... Où
donc est Noyau, demande-t-elle tout à coup?..
Présent, répond celui-ci.

Le hasard a voulu que ce fut juste l'instant
où l'affreux jaloux opérait sa rentrée, dans
la tenue que nous savons, ruminant encore
les paroles d'Acare : « Cellule sans Noyau ».
Sa préoccupation est telle qu'il pense tout
haut et trahit ses soupçons. « Non, dit-il, en
regard d'un pareil dire, l'œil du maître, seul... »
—voilà, voilà riposte Cellule, qui, voyant son
débraillé et croyant comprendre, prend une
position harmonique et pense aller au devant
de ses désirs en le lui montrant.

Heureux de cette méprise, rassuré, con-
fiant, Noyau y va de gaieté de cœur. Au bout
d'un instant : « Diable... diable, dit-il, » il se
sent tout entrepris. Vraiment ne serait-il que
régulier? « Diable... diable... reprend-il encore. » Pour sûr le diable n'appuie rien.

Que ne peut une habitude acquise. Stupé-
fait d'un manquement aussi grave, le mal-

heureux se sent bourrelé de remords. Il s'en
veut d'un soupçon fou qui a traversé son esprit et qu'il croit cause de son mécompte.
Alors que le regard de l'enfant devenait rêveur, que sa respiration se précipitait haute,
entrecoupée, suspérieuse, à quoi s'obstinait
sa pensée ? à retrouver sur ses lèvres ce nom
fatal, ce nom qui donne le vertige... Torqueubar! Evidemment il s'est trompé... »
Non, non, dit-il, continuant son idée... —
Si, si... poursuit Cellule, qui entendant
sans saisir le sens, obéit à un courant qui n'est
pas précisément un courant d'idées.

Le petit, rappelé à son affaire, fait une nouvelle tentative. Vains efforts. Décidément
la moindre irrégularité ne saurait être per-
mise : toute qualité a sa courbure de com-
pensation.

Pour le coup sa tête se perd. Dans son
trouble il prononce les mots d'épidémie, de
mal à la mode. Le calme étant revenu, des
explications ayant été exigées, il raconte en
manière de circonstances atténuantes la
séance de tantôt, le but et le résultat de l'ex-
périmentation.

A ce récit la jeune folle est prise d'un fou

rire qu'elle n'interrompt que pour reprendre haleine et recommencer de plus belle. Nomme-moi l'infortuné, dit-elle de temps à autre. Noyau hésite à prononcer ce nom qui lui brûle les lèvres... « A quoi cela t'avance-rait-il! ne ris donc pas ainsi! peut-on causer sérieusement... » Mais elle étant redeve-nue sérieuse : Croyez-vous donc que l'on soit dupe de vos histoires, lui dit-elle, je devine... et bientôt ma vengeance vous apprendra.... Elle ne peut en dire davantage... Torqueu-bar... Torqueubar... zézéya l'affreux jaloux.»

Or, ce nom a peine prononcé, Cellulon pâlit tout à coup, sa tête se renverse en arrière, peu après son corps se tord dans d'affreuses convulsions. Noyau, quelque habitué qu'il soit à de pareilles crises, en est tout décon-tenancé ; non pas que les accidents l'effrayent, mais l'étiologie lui paraît louche et laisser fort à désirer ; tout à coup une idée infernale tra-verse son esprit : profitant de l'état de collap-sus de l'enfant, il lui impose les mains, fait quelques passes et la plonge dans un sommeil magnétique.

Ce résultat obtenu, il le soumet à un inter-rogatoire et en obtient les réponses suivantes :

6.

— Son nom ? Torqueubar. — Où vu? cho-
lérique.—Le désirer? Très fort.—Connu? Pas
encore... La poitrine du petit se dilate. Il
porte l'enfant dans son lit, le place à ses côtés;
au bout d'un moment il la retire de son état
de somnolence. Il aurait fallu voir avec
quelles douces caresses il reçoit son réveil. Il
veut rentrer dans ses habitudes, réparer la
aute commise. La jeune folle se laisse
aller tout d'abord ; mais presque aussitôt
le souvenir de ce qui s'est passé lui revenant, elle lui tourne le dos et se met à san-
gloter. Lui cherche à la consoler, mais
voyant qu'il y perd sa peine, il fait volte-face
aussi et se plonge dans de sombres réflexions.
Son agitation va croissant. L'obscurité, le silence de la nuit y ajoutent encore. Bientôt
ses yeux s'illuminent de lueurs indécises, elles
lui montrent en son intérieur le héros sous
forme de tœnia armé. Concurremment ses
oreilles tintent de bourdonnements confus
qui finalement deviennent des voix; toutes
deux travaillent sur l'air des Lampions :
« Torqueubar Torqueubar... chantonne
l'une... Des machines... des machines, répond l'autre.

3

PÉRIODE D'ILLUSION

LES machines... Les machines... Les
machines, tel est le mugissement
qui répète sur l'air des Lampions,
remplit l'amphithéâtre, s'échappant des profondeurs de l'histologic soc du doigt dans
L..., réunie, rayonnant comme aux beaux
jours.

Tous y sont venus, tous ont obéi au courant établi par l'enthousiasme toujours croissant d'Acare ; Noyau y vogue au premier
rang ; il ne cesse de le crier à tout venant :
Acare lui a désillé les yeux, Acare l'a mis à
cul. Acare, de son côté, trouve Noyau
ntéressant. Les imaginations du petit il ne

les excuse pas, il les explique, les met sur le compte d'un célibat par trop prolongé. Le petit le laisse dire.

Certainement, Citoyennes, votre curiosité exigerait le pourquoi et le comment du succès obtenu par le fidèle fidèle, mais le moment n'est pas encore venu; le temps nous presse; patientez jusque au paragraphe suivant; profitons du brouhaha général pour nous glisser dans la salle et nous trouver présents à l'action sur le point de l'engager. Voyez plutôt. A sa place habituelle, revêtu de sa toge magistrale apparaît Torqueubar toujours imposant malgré son malheur. Les tribunes craquent sous le poids des Ocules. Qui pénétrerait tous les recoins de la salle découvrirait, se cachant dans un angle, déguisée sous un costume étranger à son sexe, une physionomie nouvelle en ce lieu, celle de Cellulon......

La stalle d'Acare est encore vide. Le fidèle en effet manque au tableau. Le voilà, il fait son entrée. Il arrive surchargé de petites caisses, traînant en laisse une armée de caniches. Les caniches l'entourant, les caisses ouvertes, un grand nombre de modèles

savamment disposés autour de lui, il lève
ses regards sur la foule, salue de la main,
réclame le silence, prend enfin la parole.

Citoyens, nous ne saurions entrer dans le
détail de sa brillante improvisation ; qu'on
le sache cependant, côté théorique, côté
pratique de la question, tout est abordé par
lui avec un entrain de zouave. Sa parole
claire, lucide, brille comme une lame, jette
des éclairs et comme par enchantement
inonde le terrain de lumière. Aux lueurs du
cliquetis, les ténèbres se dissipent, la
virgule virgulant apparaît lumineux symbole
de ce principe, que la forme donne le fonds.

Rien de plus ingénieux au reste que son
plan de campagne. Une étude de configura-
tion et de position initie le public à l'état
statique de l'objet en étude, fait ressortir ce
qu'il a de fondamental, de cabalistique,
d'acheval.

Une étude analogue de physiologie com-
parée permet d'apprécier l'état dynamique.
Une vue de transparence montre Vibrio
linéola, l'appendice .hélicoïde en avant,
grouillant dans un milieu et par ses sauts de
carpe et son haut acrobatisme laissant bien

loin derrière lui tous les serpents connus et rococo.

Arrivé aux accessoires, aux revêtements qui, petit à petit se sont surajoutés, Acare pour les maintenir dans une juste dépendance et pour que, dans une perspective bien ménagée, les points de repère vraiment sérieux apparaissent a soin d'établir en serre-files les spécimens caudiculaires suivants, droits, courbes, en vrille, en flamme.

Entrant dans le détail, il effleure à peine les premiers modèles; arrivé à ceux en vrille : « Aux lunettiers, dit-il tout à coup, aux lunettiers la tarière de l'avenir. La forme vrille est notre apanage. » Cette allégation ayant produit une certaine surprise : « Oui, reprend-il, à ceux qui mettraient en doute pareille concordance, j'ai un argument tout personnel à opposer. » Un instant il le cherche, se disposant à le montrer aux regards de tous, mais les lunettières réclament, déclarant le croire sur parole.

Un ah ! s'est échappé des tribunes. Acare, en effet, touche au vif de la question. Un échantillon forme flamme est dans ses mains. Enivré par ce contact, le fidèle Oculi caresse, becquotte cet objet. « Le maître est au logis, dit-il... et pourquoi pas ? J'entends parler de doutes, de retards, d'impatiences... Voudrait-on par hasard, que l'on sorte de là comme un laquais... toute majesté a droit à un cérémonial... En votre serviteur que l'on sache reconnaître celui... qui... Oui, Vibrionide, votre maître de cérémonies, c'est moi... môa. » Cet aveu fait, il se recueille. Bientôt sa voix devient modulée, chantée. En sourdine, il fredonne : « Nature femelle, coquette, vous ne sauriez être féconde qu'à la condition d'être grattée... friponne ! » — Elevant le ton : « Vous voulez des façons, soit.. nous serons aimables... — Comment..., comment... vous voulez nous résister... oh !... oh !... alors. Violons. »

La transition ainsi aménagée, il retire d'une caisse un premier engin. Le suivre dans la description qu'il en donne serait trop didactique. Que l'on sache seulement qu'il y avait trois outillages et pour chacun cinq procédés de l'auteur. A chaque procédé un caniche est hissé devant lui, et dès le premier outillage envoyé de vie à trépas.

Le discours, les préliminaires sont clos.

Au verbe va succéder l'action. Acaré se dirige vers Torqueubar, le ramène auprès de lui. De la main gauche il s'empare de l'infirmité, de la droite il lève le couteau. L'outillage de la transfusion est à portée de main. La physionomie de l'opérateur rayonne de joie; le carnage qui l'entoure ne saurait le faire douter de la supériorité de ses vues, du succès qui doit couronner ses hautes conceptions. La noble victime, elle, doit être sous l'influence d'un courant d'essence éthérée, car rien de ce qui se passe autour d'elle ne paraît la préoccuper; ses yeux sont comme noyés et perdus dans l'espace. Le silence le plus complet règne dans la salle; une physionomie seule est bouleversée. Un cri peut-être va retentir : Non, car Noyau s'est levé, a réclamé le silence, a fait surseoir à l'opération; il prend à son tour la parole.

« Frères en doigt dans L., dit-il, qu'un lunetier se complaise à sa lunette, quoi de plus connu? Que qui vit de rayons éprouve du prurit et se gratte où il lui démange, quoi de plus naturel? *Trahit sua quemque voluptas.* — Le type Ocul doit au privilège d'un organisme exceptionnel de percevoir jusques dans leurs nuances les plus fines, les plus intimes, les diverses impressions qui lui viennent du dehors ; si supérieure, si vivante est la trame de pareille organisation ; si vives, si faciles à éveiller sont ses sympathies, que volontiers on la prendrait pour un réactif plongé dans un milieu et chargé d'en déceler jusqu'aux plus fugitives influences, qu'elles soient bonnes, qu'elles soient mauvaises. De là bien des jouissances, de là bien des douleurs! »

« Oui, confrères bien-aimés, songer que dans chaque élément se balancent à peu près et les conditions de vie et les conditions de mort, réfléchir que tout rouage, que tout appareil peut devenir fautif, reporter alors sa pensée sur cet ensemble où se trouvait concentré comme en un foyer tout ce que la nature animée possède de formes, de propriétés, de fonctions exquises, n'est-ce pas avoir la raison de la fatigue, de l'état de repos de notre sublime, de notre très vénéré? » — A ce sujet, s'élevant au ton dythyrambique : « Utricules formicantes, s'écriait-il, Atomes prurigineux, granules chatouillants, il est donc vrai, vous l'avez fui, traîtreusement abandonné... »

7

Et comme pour donner plus de regret, il revenait sur ce passé si glorieux, sur ces allures de météore dont le souvenir seul suffisait pour arracher des larmes à la partie la plus intéressante de l'auditoire. Ces temps héroïques évoqués... « En serions-nous réduit au désespoir, se demandait-il, et tout à coup il reprenait : « Non, et sur ce point capital je suis heureux de me trouver en communauté d'idées avec Acare Joachim, mon ami bien-aimé. Dans cet état latent. dans ce temps d'arrêt, il ne faut voir que le recueillement de la nature se préparant à une grande œuvre. Rien qu'à la préoccupation du héros, il est facile de comprendre que la chrysalide est encore emprisonnée, laissez-lui rompre ses langes, laissez l'insecte arrivé à son état parfait, et qui a connu le passé oserait à peine prévoir l'avenir. »

« Une grande question toutefois, se présente : faut-il aider le travail? Longtemps je me suis bercé de cet espoir bien pardonnable, qu'en soumettant le cocon à un rayonnement soutenu on faciliterait son éclosion, qu'ainsi serait donné à tous le bonheur d'avoir participé à la venue de ce

futur perfectionné qui fut toujours l'objet
de nos préoccupations. En cela je me faisais
fort d'un phénomène déjà ancien, mais tout
récemment encore constaté de nouveau par
le vénérable 5.20. 100 du 100 sur sa jeune
moitié, que parfois Ocule est gunégine. Pourquoi, me disais-je, le grand, le sublime ne se
trouverait-il pas Androgyne et tout à coup
se transformant, ne nous apparaîtrait-il pas
muni d'attributs nouveaux et étonnants,
hélas! moins affirmatif aujourd'hui, je le
reconnais. L'incubation par trop se prolonge,
et menace de tourner à la dessiccation. Il est
temps d'intervenir et d'aider le travail... Les
fers... les fers... Je le déclare hautement...
Je passe dans le camp du vétérinage! »

— Vétérinage... à ce barbarisme Acare devient blême. Le languetteur fit entendre un
sifflement d'aspic.

— Les conceptions de l'esprit ne sont
que de la haute fantaisie, alors, vétérinaires,
soyons, reprend Noyau.

— Vétérinaires nous!... oh! pour le coup
c'est trop fort... petit... petit, vous vous ou-
bliez, lui crie cette fois Joachim. Qu'on me
le tienne, et je vous le crispe, résifle le lan-

guetteur. — Non, B., c'est à moi de lui inculquer mon procédé, qu'on me le passe, hurle le transalpin; plusieurs se précipitaient pour le saisir, mais glissant entre leurs jambes et surgissant ailleurs : « Les fers, les fers...scalpons, recommence Noyau.Quelques caniches sont morts... La belle affaire! que sauraient avoir de commun les caniches et notre illustre chef. Un nouveau coup l'ayant menacé, il disparaît encore... Reparaissant : « Qui sait, dit-il, si du choc d'une lame ne doit pas jaillir l'étincelle de la perfectibilité ? »

— Nouvelle menace, nouveau plongeon. Revenant à flot : « Qui oserait limiter, dit-il, le champ du couteau? »

— Il n'eût que le temps de disparaître. « Qui sait, reprend-t-il au retour, si avant la transformation une épreuve ultime n'est pas nécessaire? » — Il repique toujours pour le même motif et toujours pour reparaître. « Qui sait, recommence-t-il... — On en compta trente-deux, suivis d'autant de plongeons. Au moment où on le croyait sombré pour toujours, il émerge encore une fois.

« Si j'ai pris la parole, dit-il, c'est pour réclamer de l'illustre, avant l'intervention des machines, je ne dirai pas l'hymne de mort, mais l'hymne de la transfiguration, non pas le chant du cygne, mais le chant du phénix. Avant que d'en arriver à sa seconde manière, que Torqueubar en finisse avec la première, en faisant concorder la fin et le début de celle-ci, en nous disant, l'œuvre de vie, vieux style. »

Sa péroraison n'était pas close, que déjà le tumulte régnait dans l'assemblée. D'un effet pareil au coup de sifflet des combats d'animaux, son qui sait avait surexcité tous les amours-propres. Chaque paroissien s'agitait, exaltant sa manière de voir au détriment de celle de son voisin. Une lutte paraissait imminente ; mais sourd profond, inexorable, un murmure peu à peu s'élevait, devenait grondement et bientôt de sa note puissante couvrait tous ces cris discordants. « Les machines, les machines... tel était le mugissement qui, repris sur l'air des Lampions, s'échappait encore une fois des profondeurs de l'histologic-soc, continuant à fournir la mesure de l'intelligence des masses.

Encouragé par cette clameur, Acare, sans mot dire, se charge de ses outils, s'établit à

7.

côté de l'infirmité ; Noyau ricane à faire mal. Il balbutie à part lui : « Que le Verbe ait pu se faire chair, très bien ; mais la réciproque n'est pas aussi facile. Allons, Acare, illustre machin des machines, exerce ta petite industrie... fais-nous raison de ce *cat coi scouat*... Involontairement cette gasconnade moitié en patois, moitié en français, s'est échappée de son larynx avec l'intonation d'un cri strident.

A cette voix de fausset, à ce couac triplé Torqueubar tressaute, bondit, s'arrache à sa béatitude. « Au temps jadis, observe-t-il, sous l'ère du vieux, du gros fantaisiste, il y avait plus d'harmonie ; on évitait la fausse note. Ne pouvant l'éviter on avait soin de l'adoucir. » Cet exorde, jeté en sacrifice à son malaise nerveux, il se lève imposant comme celui qui préside aux tempêtes, promène sur l'assemblée un œil calme et serein. Le silence s'étant fait :

« Mes amis, dit-il, tâchez de prendre le ton. 1re œuvre. »

Longtemps on s'en souvint.

Revenir au jardinier du début ; établir tat physique et psychique du plantureux

planteur devint pour Torqueubar une occasion d'émettre de sages maximes au sujet
d'une hygiène par trop bien réussie.

Saturé de félicités intimes, fatigué d'une
monotone horticulture, ce primitif peut-
être, sans nul doute, déjà rêvait le progrès,
qui sait, probablement un autre ordre de
plantation. Dans tous les cas, il s'ennuyait,
car on s'ennuie partout, de tout et surtout
d'un bonheur un et endogène. Que fit-il?
parbleu, ce que l'on a de mieux à faire en
pareil cas, il se coucha et s'endormit. Etant
partout, le paterne était là, il vous prit en
pitié sa créature et par un tour de passe
passe qu'on passe vous lui fit une côte. O influence de l'éther! L'humanité ne broncha
pas. Un léger sourire sur ses lèvres, seul
sembla dire : Finissez donc, vous me cha-
touillez...

Depuis cette époque il y a eu bien des cha-
touillements et bien des suites de chatouil-
lements, mais à considérer l'orateur on vit
bien qu'il ne s'agissait pas d'une de ces caresses vulgaires, d'un de ces résultats mes-
quins à la portée de tous. Le geste heureusement s'allie à la parole. De narrateur clair

et concis qu'il s'était montré tout d'abord il se révéla tout à coup poète prestidigitateur. Un frisson de volupté parcourut la compagnie entière en le voyant de la pulpe du doigt effleurer, pousser, repousser, harceler sans relâche cet influx chatouillant qui dès le principe, simple étincelle, s'étendit, s'étala peu à peu à tout un épiderme naïf, y surprit un neuf paviment, fut donner le diapazon aux papilles et toutes vibrant à l'unisson regagna la surface et y fit s'y épanouir le plaisir à son maximum de tension. Tel le cèdre du Liban longtemps caché dans la feuillée dresse enfin sa tête altière, tel....

A peine Torqueubar prit-il le temps de terminer sa comparaison. D'un tremolo des mieux ménagés assurant la première partie de son œuvre, il passa à la seconde, y mit une main d'abord, puis deux; le coude suffit à l'autre. C'est alors qu'il aurait fallu voir l'orateur. Une espèce de transfiguration s'empare de sa personne. Dans ses yeux brille un rayon créateur. Sa voix s'ondule en moelleux accents. Sous ses mains cette côte, masse informe s'arrondit, se moule, se satine, devient la première, la plus belle, la femme

primeur. Bientôt on la voit émue, trem-
blante, frémissant à la vie soulever ses longs
cils et de leurs doux ombrages poindre un de
ces regards qui trop humide encore pour
soutenir l'éclat du jour, instinctivement se
porte vers une lumière plus faible, partie
d'une prunelle également humectée. Une
gymnastique toute nouvelle s'ensuit et ces
deux existences à peine désunies se confon-
dent de noûveau dans un voluptueux éva-
nouïssement.

On applaudit peu. Chaque assistant sous
l'influence d'un aura seminalis en était à ne
percevoir qu'un bruit confus, lorsque donnant à sa narration la conclusion morale
dont elle était si digne, l'orateur conclut en
disant : Dans ce premier œuvre il n'y eût
pas d'arrière-pensée, l'un des acteurs surpris
ayant cessé quelques instants de réfléchir,
l'autre ne pensant pas encore... Mieux, mirage trompeur! !

Il eût peut-être exprimé son idée, mais
s'emparant des derniers mots : « Oui, ce
sera mieux que du mirage s'écrie en l'interrompant 5.20.100 du 100 qui est le premier
à revenir... Oui, ce sera mieux, répète-t-il

machinalement. Son état d'hébétude est encore tel que voulant continuer, il reste bouche béante et ne peut que balbutier cette finale : « Non... non, il m'est impossible de rendre l'état de ravissement dans lequel m'a plongé l'orateur, et sans frais. »

Le languetteur se secouant tout à coup comme un barbet se jette au cou du Noyau, le baise sur le front, sur les yeux, sur les joues, sur la bouche, sur les mains. Forcé de s'en tenir là, le petit étant habillé, il se rejette sur Acare qui en est tout mouillé, puis sur le transalpin qui le laisse faire et le retient pour souper.

— Ce sera mieux... ce sera mieux, ce sera mieux, fredonne sur l'air des lampions le gros des Ocules et des Oculis, donnant une une nouvelle preuve de l'intelligence des masses.

Tous s'empressent autour de Noyau qui n'en peut mais, et qui par un de ces effets d'opinion que l'on constate, mais que l'on ne s'explique guère, se trouve être le héros de la fête ; chacun le félicite de son coup d'œil. Il se voit, quoiqu'il en ait, forcé de subir l'enthousiasme des fidèles qui l'entou-

rent, qui le circonviennent, qui bientôt, sur
le conseil de quelques enthousiastes, l'enlè-
vent pour le porter en triomphe jusque
chez lui. Ils le prient d'accepter l'expression
d'une confiance désormais aveugle : « Oui,
vous aviez raison, lui disent-ils, le Verbe se
fera chair. » Aucun d'eux ne met plus en
doute la mission réservée à Torqueubar;
qui a pu parler ainsi, sans tarder s'expliquera
autrement.

Peu après, dans l'amphithéâtre, deux
personnages seuls restent en évidence,
Torqueubar, assis sur son estrade, paraissant
retombé dans un de ses états de contempla-
tion, Acare, au milieu de son outillage,
environné de ses caniches morts. Celui-ci,
malheureux, hébété, ne comprenant rien à
une hérésie qui bouleverse toutes ses idées,
à une poésie qui n'est pas dans ses goûts,
se livre aux réflexions les plus tristes sur
le peu de consistance des frères et amis.

Un cri parti d'un des recoins de la salle
vient l'arracher à sa préoccuption; il regarde
et n'aperçoit rien; un tambourinement
succède au cri; cette fois il en saisit la cause
efficiente. Deux petits pieds paraissent être

les seuls coupables, mais au bout de ces pieds un corps grassouillet, rondelet n'est probablement pas innocent de ce jeu, car il tressaille en vrai criminel.

L'étreindre dans ses bras, le transporter dans le laboratoire voisin est aussitôt fait que résolu par le fidèle paroissien; pas assez vite néanmoins pour que dans le trajet deux bras nerveux ne l'aient saisi lui-même et que des lèvres pâlies ne l'aient dévoré de baisers. L'indication est de donner de l'air. Acare s'en acquitte avec une telle largesse que bientôt édifié malgré le travestissement... « Tiens... tiens... se dit-il... oh! elle est bonne... D'où peut nous venir cette paroissienne... bast!.. peu importe... ceci me remettra... tiens, la surprise est bonne... »

Il s'essaie à faire de la réaction, à changer le courant : « M'aimeras-tu, soupire l'enfant, m'aimeras-tu?... Attends, attends, répond Acare, voici venir, je crois une preuve à l'appui. Oh! que je suis heureuse! soupire-t-elle, puissé-je ainsi mourir dans tes bras mon noble, mon beau Torqueubar!.... »

« Torqueubar... Torqueubar.., je ne me suis jamais nommé Torqueubar, réfléchit

Acare, et par cette réflexion son sang-froid
revenu lui fait reconnaître que l'enfant est
plongée dans un accès de somnanbulisme.
Ses chairs à lui en sont comme mortifiées.
Ce résultat peu sympathique ramène l'inconnue à la vie réelle. Au seul fumet, devinant à
qui elle a à faire : « Horreur ! s'écrie-t-elle, horreur ! le tueur de caniches, et bondissant elle
lui échappe et se dresse comme un serpent...
Animal ! sot animal ! brutal ivre de sottise,
veux-tu bien te cacher, ajoute-t-elle; à bas la
boutique..., la boutique à bas, lui crie-t-elle
encore, probablement en souvenir des en-
gins. »

Acare humilié de sa déconvenue et déjà pas
mal furieux, ne se possède plus, il va lui sau-
ter à la gorge, mais Cellulon, car c'est bien
elle, devine sa pensée. D'un regard elle le
fascine et des deux mains lui envoyant des
passes le fixe ; bientôt même l'état de la physionomie du malheureux indique que chez
lui la fureur a fait place à l'hébétude....
« Bon, dit l'artiste, voilà le reflet de la seconde vue qui paraît ; à cette heure entr'ouvre
la bouche, cligne des yeux, montre tes inci-
sives... » Le patient obéit, sa figure prend

une expression cynique : « Bien, bien ajoute t-elle, de l'hébétude à la béatitude il n'y a qu'un pas. » pour remettre tout en harmonie elle lui insinue un globule; un état d'éréthisme spécialisé en est la conséquence immédiate. « Très bien, très bien, on ne peut mieux, observe l'enfant, je tiens mon entrée en matière... »

Le tableau étant ainsi qu'elle le désire, Acare dans sa pensée devant lui servir d'introduction, on voit le malheureux, pur automate au service de son idée, se diriger à pas comptés du côté de l'amphithéâtre, solennel, muet, raide.

Citoyennes, si cette résolution ne vous gêne pas par trop, pendant qu'ils vont effectuer ce court trajet, opérons une évolution contraire, revenons encore une fois de quelques pas en arrière.

4

SACRIFICE HOMEOPATHIQUE

Le moment, en effet, est venu d'apprendre que ce qui est écrit est écrit, et qu'aucun pouvoir humain ne saurait aller à l'encontre. D'un commun accord il avait été décidé que Torqueubar serait livré aux machines et néanmoins il survit encore. A qui ce résultat est-il dû! à celui qui n'en peut mais, à l'agent provocateur lui-même, à Noyau.

Veut-on s'en rendre compte, que l'on se reporte à cette longue nuit qui fut pour ces

deux conjoints remplis d'angoisses, de sanglots, de tintements d'oreille, de visions.
Sachez qu'avec le jour un tel mouvement de
réaction s'était produit dans l'économie de
Cellulon que du contre-coup, autrement dit
d'un coup de rein, l'affreux jaloux en avait
été jeté à bas du lit.

Heureux de cette sortie qui venait le tirer
d'embarras, il s'était empressé de passer ses
chausses et de s'éloigner, pour juger par lui-
même de l'état statique et dynamique du
héros. Dans un mouvement désordonné il
avait fait tomber de sa poche, sans s'en ap-
percevoir, le long mémoire qu'Acare y avait
glissé et qui depuis y était resté sans qu'il le
sache.

Cellulon l'ayant trouvé à son lever, l'avait
parcouru, les données qu'elle avait déjà par
devers elle, ne pouvant laisser de doutes sur
les faits énoncés dans ce factum, elle avait
senti peu à peu son sang entrer en ébullition,
et presque aussitôt la péroraison suivante
découlait de source.

« Affreux Noyau, mesquin garde national,
« tu nourris des idées de propriété ridicules !
« Moustique malsain tu te permets une

« opinion et à cette opinion antédiluvienne,
« Cellule a dû de rester en dehors du
« mouvement de rotation, de circumduction
« et de circumbilivagination du héros!
« malheur! malheur! mais Métabolation!
« oui, Métabolation, car le passé est le
« passé et le présent, le présent. Pourquoi
« se désoler lorsqu'il faut agir : » Là-dessus
elle avait fait la revue de ses globules : »
Oui, voilà bien, s'était-elle dit, celui qui
m'a si bien servi.... Si je le redonnais.....
Pourquoi pas? Deux négations valent une
affirmation; de même, deux effets successifs
doivent équivaloir à un contre effet. En
tempête, calme; en calme plat, tempête.....
tant pis, s'il le faut, j'en donnerai deux,
j'en donnerai quatre..... »

Ce raisonnement tout féminin, cette dé-
duction toute homéopathique lui complai-
sant et son bras s'étant allongé pour jeter
au feu le mémoire d'Acare, elle en était
encore à faire ondoyer sa main voluptueuse
comme pour indiquer aux flots de son
imagination la direction voulue, lorsque,
crac, à l'autre extrêmité de la ligne était
apparue la physionomie toute guillerette

8.

de Noyau. Celui-ci, à peine dehors, n'avait eu de trève ni repos qu'il n'eût constaté de visu la persistance de l'état d'infirmité du héros. Cela fait, son état mental sensible-ment amélioré par contre, il opérait sa rentrée, le facies épanoui. A sa vue, l'enfant ricanait de frénésie. Les deux conjoints étant à l'unisson, du sourire ils passaient au rire. Bien mieux, leur rire reprenait, et de si belle que Noyau le devinant indécent, redevenait sérieux. « Pourquoi rire ainsi, observait-il, — ne froncez pas le sourcil, mon petit Jupiter, répondait la timide enfant, mon rire est bienveillant, je songeais à utiliser le don que j'ai reçu de pouvoir porter remède aux plus grandes infortunes » et tout à coup comme inspirée :

« O Vibrionide trop attendu, s'écriait-elle ! A l'alma dolens, je le comprends, va succéder l'alma parens ! Oui, déjà je le sens..... toute une race à venir et supérieure me pénètre et m'envahit !

Cette invocation de beaucoup trop de vues réunies pour que Noyau put les ingérer sans malaise, plongeait ce dernier dans la stupéfaction, trois jours il n'en mangeait pas; au 4e il en mangeait davantage; au 5e sa jalousie augmentait; au 6e il se mettait en marche allait de Torqueubar à Acare, d'Acare à Torqueubar; et tout à coup sa figure blême s'illuminait d'un rire cruel : « Comment, se disait-il, comment, d'un coté un météore ne jetant qu'une faible lueur, de l'autre un éteignoir, sûr, fatal, enthousiaste, et l'on se désespère.... allons donc!! »

Exalter les vues lumineuses d'Acare, pousser à l'instrumentation, s'associer en apparence aux idées de son Cellulon, telle avait été sa nouvelle tactique et tout avait souri à ses desseins, les facilités qu'il rencontrait augmentant ses exigences, il avait voulu, non content d'une agonie et physique et morale, que le héros devant l'enfant déguisée et cachée dans un des recoins de la salle, fournît la mesure de la dose d'hébétude dont peut devenir susceptible un étalon surmené; sa sotte fatuité ne lui permettait pas de douter qu'il n'en fût ainsi.

On connaît le résultat. Cellule a tout accepté, tout concédé, elle a compris qu'étant initiée à tout, elle pourrait juger du moment opportun où son intervention deviendrait nécessaire; peu s'en est fallu qu'un cri ne lui soit échappé, lors de l'outillage; sa frayeur a été grande. Heureusement Noyau par son aplomb est venu réprimer son élan. Bien mieux, par son discours ridicule il l'a rendue d'un nerf tellement impossible, qu'une détente devenait fatale, indispensable. La suave éloquence de Torqueubar s'est chargée de ce soin. Innocemment l'enfant s'est laissée surprendre et en est arrivée tout doucettement à pousser un petit cri, cri prélude chez elle de défaillance, de permis de laisser circuler.

Noyau à peine dans le couloir, a entendu ce cri qu'il connaît. Il a voulu s'échapper, revenir sur ses pas. Impossible, le gros, le courant des fidèles l'a fixé dans son triomphe.

Un instant, Acare a été maître de la place, tendant à en abuser, mais l'éminente artiste bien vite a su dominer la situation; à l'heure actuelle, comme nous le savons, elle présède aux évènements. Le fidèle Oculi est devenu caniche à son tour, seulement il la précède. Oui, les voilà bien tous deux; elle derrière, lui devant; ils font leur entrée dans l'amphithéâtre. Le jour, près de sa fin, permet encore d'apercevoir dans la pénombre le majestueux Torqueubar, drapé dans sa toge magistrale, reposant sur son estrade. Son immobilité, son attitude morne ne laisserait guère supposer qu'il vienne d'être l'objet d'une ovation. Qui s'y attendrait? revenant sur une ancienne idée, il a profité du court moment où il est resté seul, pour se passer autour du cou un lacet de soie et pour le fixer à un des barreaux de l'estrade.

Toujours sous le coup de l'influx magnétique, le fidèle Acare s'avance à pas comptés, et dans une tenue qui fait que son état d'éréthisme est, on ne peut plus saisissable à l'œil nu, il vient se placer droit et raide devant l'auguste souffreteux qui tout d'abord paraît surpris de ce découvert, qui bientôt fixe son attention sur l'objet manifesté, qui finalement contemple d'un œil mélancolique cet état de tétanos, cherchant à en pénétrer la cause.

Aux aguets derrière le fidèle, saisissant ce moment d'abandon, Cellulon en profite pour envoyer furtivement deux ou trois passes, pour laisser échapper de son intellect deux ou trois pensées. Instantanément, subissant

l'influx transmis, les idées de Torqueubar
s'harmonisent avec ce courant imposé. Le
tableau offert par Acare n'est plus à ses yeux
celui d'un cynisme stupide, mais bien l'expression de l'individualité s'annihilant devant
l'espèce, la traduction physique de la toute-
puissance de la nature humiliant les forts
et projetant le trait d'union qui relie le
connu et l'inconnu. Aussitôt, quelque remarquable qu'ait été sa personnalité, le héros
commence à la trouver faible, très faible...•...
par contre, la question de race prend dans
son esprit des proportions jusqu'alors ignorées, il sent en lui comme un immense
grouillement, il y entend comme un vagis-
sement confus.

Il en est encore tout saisi qu'une nouvelle
dose de fluide lui est envoyée. Sa main est
mise en communication avec celle d'Acare.
Alors et comme un choc dans son cerveau,
arrivent les nombreux desiderata qui depuis
si longtemps poursuivent le fidèle Joachim.
Simultanément une vive démangeaison
s'empare de son être. Il perçoit en lui comme
un flot de Vibrios Lineolas qui, l'appendice
dressé et flambant, demandent à faire preuve

d'existence, réclamant le nutriment voulu pour pouvoir figurer dans ce monde.

De nouvelles passes viennent mitiger ses impressions par trop personnelles. Torqueubar commence à avoir conscience de l'artiste. Il le sait, à n'en pas douter. ... quelqu'un s'intéresse à lui. Sa vie, ses pensées, ses désirs, tout est connu. Quelque étendu que soit son répertoire, ce quelqu'un l'initie encore à tout un narré d'animaux et de plantes fantastiques, à toute une série de préparations ignorées, de pouvoirs catalytiques inconnus; tout un monde de forces, occultes et de sympathies impossibles lui est révélé. Sa bouche s'entr'ouvre stupide; quatre ou cinq globules, représentants de ces forces, lancés dextrement par Cellulon viennent s'y engloutir.

Sous l'influence de ces auxiliaires, les papilles du souffreteux s'étonnent. Bientôt ses fibres entrent en contraction, ses liquides deviennent électriques, des sensations perdues, un bien-être presque oublié peu à peu l'envahissent. « Fluides à la rescousse! s'écrie l'artiste qui a tout suivi, qui a tout saisi et qui prestement s'est mise en tenue; elle entre en scène de sa personne, ne doutant plus, sûre d'un résultat.

Acare toujours immobile, toujours en faction est là comme une statue, comme un décor antique.

Un cri retentit au dehors; Cellulon ne saurait s'y tromper, c'est le fausset à Noyau. Echappé aux frères et amis il est accouru et fait résonner d'appels sans nombre les échos de l'amphithéâtre.

Effrayée non sans raison d'une influence aussi contraire, la malheureuse se dégage pour aller dans le vestibule tirer le verrou ; elle descend de l'estrade et sort.

Le verrou mis, on eût pu l'entendre disant : « Oui, il est mis, le verrou est mis, chante, mauvaise Cigale, chante, ton chant sera stimulant de plus. » Il faudrait voir avec quelle légèreté de sylphide elle va retrouver son œuvre, gaie, souriante.

Hélas ! qu'elle est loin de compte.

La malheureuse n'a pas eu conscience du cordonnet, vu qu'il est de soie, n'a pas pensé que le patient est sous sa dépendance, absolument dépourvu de libre arbitre. A peine a-t-elle eu fait quelques pas pour courir à

la porte que Torqueubar entraîné par sympa-
thie a voulu la suivre. Il a glissé de l'estrade
et le cordonnet ayant fait prise il est demeuré
ballant, suspendu par le cou, s'asphyxiant,
devenant en proie à toute la série des phé-
nomènes nerveux suivants qui se jouent
dans son organisation.

Quelques secondes ont suffi et tout tres-
saillement musculaire a disparu. Sa figure
pâle, blême, rougit par bouffées pour redeve-
nir plus cadavérique encore ; ses yeux caves,
immobiles, semblent brûler d'un feu concentré; ses lèvres sont encore animées d'un léger
frémissement. Le corps est inerte ; la pensée
survit rapide comme l'éclair, entraînant dans
son tourbillon l'influx sensitif reparu plus
vif, plus électrique que jamais.

Tout d'abord il lui sembla qu'il avait suc-
combé au malheur, et néanmoins il souffrait
encore. Autour de lui bouillonnait, bour-
donnait, bruissait le cahos d'un ton lugubre
et glacial : «Néant, néant, aurais-tu concience
de toi-même, avait-il pensé ; et aussitôt un
éclair avait lui, un craquement s'était fait entendre. Dans le milieu qui l'oppressait, deux
courants se formaient.

9

L'un, en nuage opaque, sifflait en s'enfuyant à ses côtés ; l'autre, l'entraînait d'un cours de plus en plus rapide. Il s'y abandonnait sans crainte, car un bien-être croissant lui faisait pressentir que ce qui fuyait était le malheur, que ce qui l'entraînait était l'espérance. Il allait...l'horizon noirâtre perdait de son opacité.

Des filets de lumière jaillissaient de toutes parts, bientôt il restait ébloui, frémissant de sensations nouvelles.

« Oui, semblaient dire ses lèvres résonnant comme les harpes éoliennes au son d'une harmonie céleste, oui... j'ai en moi la clarté... Zéphyr lumineux, je vogue dans un océan sans bornes... Suaves aromes qui me bercez et m'enivrez, qu'il est doux de se sentir ainsi pénétré par vous... Que vois-je ? des flocons blancs se montrent dans l'espace... Leur nombre est infini... Je vais à eux... Ils viennent à moi et à mesure se forment en bulles, se dilatent, s'arrondissent... vapeurs légères, en vain vous vous y opposeriez, mon auréole lumineuse vous pénètre... mes rayons s'emparent de vous... Déjà, votre tissu poreux se colore de rose... Dans votre milieu, voilées d'une teinte d'azur, des formes

divines se dessinent... J'y vois... Ici des
lèvres ondulées qu'un long baiser sépare et
réunit... là, des yeux noyés de volupté...
Dans eelui-ci des seins gonflés par le désir,
dans celui-là des cuisses d'albâtre marient
leurs harmonieux contours... Dans cet autre,
un bras du pius modelé se joue dans une
chevelure d'ébène... Ils se succèdent sans re
lâche et viennent se jouer autour de moi...
Mais tout mon être a frémi... Sens amoureux il serait vrai, vos désirs s'adressent à
moi... alors qu'un ensemble:.. — Qu'ai-je
dit? tout a pâli, la lumière m'a fui, et pâle
reflet colore à peine l'horizon.

Les flocons se sont fondus en un nuage
qui m'en cache encore l'éclat. Il s'élève
et se moule maintenant : « formes divines,
laissez au moins votre empreinte.... Il serait
vrai, aucun contact ne doit effleurer votre
surface ». — Le relief d'un torse admirable
et palpitant de vie commençait à peine à
chatoyer son regard, quand tout à coup la
vision se trouva changée.

Cette fois est apparu un temple aux colon-
nes de marbre blanc, aux chapiteaux dorés.
Dans son intérieur, un berceau agréablement

découpé encadre de moelleux coussins. Des
gradins conduisent au berceau. Sur ses
marches reposent par groupe les prêtresses.

Torqueubar les voit s'animer, aller, venir.
Sorties un instant, elles reparaissent bientôt,
conduisant avec solennité leur reine, qu'une
longue tunique recouvre en entier. Elle
prend place sous le berceau. Une des prêtresses alors s'avançant, fait tomber le voile
qui recouvre l'auguste visage, y dépose un
baiser : toutes à l'envi viennent en faire autant ; une autre dénoue ses longs cheveux ;
toutes d'accourir aussitôt et de les presser
sur leurs lèvres ; une troisième dégage son
beau cou, et les baisers incontinent de
venir s'y déposer en foule... En vain s'em-
pressent-elles, en vain prodiguent-elles caresses sur caresses, nonchalamment appuyée
sur le coude, la majestueuse créature semble
succomber sous le poids d'un mortel ennui.

Si suave, si pure, s'ennuyer, souffrir peut-
être, pense l'extatique pendu, et son œil, à
force de contempler cette cérémonie, ne
perçoit plus qu'une image confuse. De toute
cette foule mouvante et barriolée, seul, mais
inévitable, le regard de la reine le fascine

malgré lui. Insensiblement son image revêt
le caractère de la vision entrevue lors du
désastre. Un instant, Torqueubar en est
complètement ébloui, et jugez de son saisissement lorsqu'y revoyant il l'aperçoit
s'avançant vers lui, le corps renversé en arrière, les paupières demi fermées, le cou
convulsivement tendu. Il voit ses mains
froisser, repousser l'étoffe légère qui recouvre
son beau corps ; il voit le globe de ses seins
se tendre, le large sillon qui les sépare se
creuser davantage. Sous le poli de son ventre,
des saillies musculaires se forment en relief;
l'air entre en vibration. Ses compagnes, naguère si soumises lutinent leur maîtresse.
Leurs doigts se multiplient, leurs lèvres
dans cette chair pantelante, infusent le plaisir. Deux bras, deux jambes, deux cuisses
demandent secours... Il voit blanc, il voit
noir, il voit rouge, il......

Juste, c'est le moment où Cellulon rentre.
La malheureuse, d'un seul coup d'œil de la
plus simple de ses vues devine l'égoïsme de
la position, l'imminence du flot prêt à déborder, comprend sa position, son travail perdus ; impossible de maîtriser ses nerfs, elle

tombe à la renverse, des deux mains battant l'air,... aussi un peu des pieds.

Heureux effet de ces gestes d'expulsion, le charme est rompu pour Acare. Le fidèle, soustrait à l'influence magnétique, est rendu à son libre arbitre. Il se détend comme un ressort, et voyant son illustre chef pendu, d'un bond il s'élance, et de ses dents coupe le cordon.

Torqueubar touche le sol. A peine a-t-il pris pied, qu'un mouvement automatique passant par son centre de figure, s'empare de lui. Le temps presse et n'est pas aux hésitations. Acare surpris, cherche un récipient, court au laboratoire, apporte une cornue, l'utilise.

Il vient de la placer au bain-marie, lorsque un coup de pied reçu dans les jambes l'avert t de la présence d'un troisième personnage. Il en a été gratifié par Cellulon, qui est là à se débattre dans d'affreuses convulsions.

Le fidèle se baisse, et voyant d'elle ce qu'elle en montre, il tombe à genoux : « ô hasard, s'écrie-t-il, s'inclinant encore, ô hasard, tu fus toujours mon divin maître, res voïes sont tortueuses, mais sûres; aujoutd'hui, plus que jamais, ton disciple te bénit et te proclame; de Vibrionide paru, je vois l'arc de triomphe ! ! »

Il se relève et son activité se multiplie. Sans perdre son temps à dévisager l'enfant, il la met en position, la drape pour la circonstance. En un tour de main, avec l'habitude qu'il a des petites machines, il agrémente la cornue et toute agrémentée l'adapte au héros, au lieu et place que l'on devine. Torqueubar étant toujours sous l'influence des centres nerveux d'action réflexe, tout paraît aller pour le mieux. Non, le fidèle hésite, bien mieux, il est ahuri, il se le demande, pendant qu'il dirigera la manœuvre, qui maintiendra la température voulue ? un quatrième personnage est nécessaire. Où le trouver? Parbleu, le voilà.

A l'une des croisées vient d'apparaître une petite physionomie toute effarée. C'est la tête à Noyau qui, d'une voix sifflée pousse ce cri: « Cellul... Cellul... Ocul... Ocul... — Oh ! le plus tôt possible, lui répond Acare; Vibrionide! Vibrionide ! !. — Et le petit en est encore à écarquiller les yeux, à chercher à se rendre compte de ce qui se passe, que Joachim l'a enlevé par les aisselles, lui a mis en main une petite lampe, et lui ayant dicté quelques instructions, l'a plongé sous la toge magistrale.

Acare est radieux. Enfin, je tiens le grand œuvre, se dit-il. De sa main restée libre, il tire sa montre à secondes pour constater l'heure précise à laquelle Vibrionide prendra position.

Tor... Torr... Torre... qu... que... queu... queue... Bar... Barr... Barre scande Cellulon et toute à ses instincts, peut-être parce qu'à ses instincts, l'accentuation qu'elle met à syllaber cette belle appellation exprime on ne peut plus clairement qu'elle subit une influenee fortement cabalistique.

Horreur! un cri, une vocifération dont l'orthographe n'est dans aucune langue, fait tout à coup irruption de la poitrine du héros; simultanément, au pittoresque tableau d'ensemble a succédé la plus affreuse confusion; tout en poussant un cri de détresse, Torqueubar a bondi d'un élan prodigieux, et retombant sur place a fait passer Noyau a l'état de coussin. Du choc en avant, Cellule a été enlevée et se trouve gisant sur le sol, en partie éventrée par le bec de la cornue.

Citoyens, en attendant que le calme se fasse, demandons-nous la cause de ce désastre; cette cause, Citoyennes, chacune de vous l'a déjà devinée.

Noyau ayant trouvé le verrou mis, Noyau servi par son instinct de jalousie, a pressenti un malheur. Dans sa fureur il a cherché, fureté, et finalement a trouvé le moyen d'escalader une des croisées... Malgré son infériorité de forces il aurait engagé la lutte à son arrivée, mais une lueur crépusculaire rendait toutes formes indécises; puis, ce qu'il apercevait de Cellulon ne pouvait lui donner que des notions bien vagues, bien générales. De plus, ajoutons-le, la loi des équivalents a sa puissance, sa surexcitation s'est trouvée neutralisée et avec excès, par l'enthousiasme impossible d'Acare, il a eu un moment d'hésitation. Cela a été suffisant pour que l'autre ait pu l'envoyer remplir son bout de rôle sous la toge du héros.

Lors du soliloque de l'enfant, plus de doute. Son soupçon est devenu certitude. Dans sa rage, il a porté la flamme au plus fourré du bocage. Brûlé, asphyxié lui-même, distillant la bave, il déchire à belles dents ce qu'a

respecté l'incendie. Il en a la bouche
encore pleine, lorsque dégagé de sa fausse
position, il peut enfin parler : « J'ai fait la
part du feu, dit-il et quelque défiguré, quelque mutilé qu'il soit, il sourit, et tout d'abord
paraît se complaire dans sa vengeance; mais
presque aussitôt la vue de la malheureuse
qui agonise vient grandement changer sa disposition d'esprit :« Cellule... Cellule ma mie,
ma petite cellule à Noyau, s'écrie-t-il, se pré-
cipitant sur elle et la couvrant de baisers,
reviens à toi, tout est pardonné... — cellule...
cellule ma mie.. petite cellule à noyau,
répète Acare, que peut signifier ici et à pareil moment un exposé histologique? Il commence à comprendre et hésite à s'en assurer.
Aurait-il été victime d'un triste quiproquo,
d'un sale jeu de mots? — Voulant en avoir
le cœur net... : Cellule était son nom, lui
demande-t-il, et c'était votre Ocule? — Noyau
fait un signe d'assentiment, pleure de désespoir. Acare prend à peine le temps de
penser que ce drôle obéissant à une satisfaction toute personnelle, n'a pas craint de dé-
truire dans son germe toute une race avenir
et supérieure; d'un poignet vigoureux il vous

saisit le petit à la gorge, le terrasse, ramasse les débris de la cornue, les lui tasse à coups de poings, à coups de pied dans la gorge, puis il lui ouvre le ventre pour voir si la digestion en est pénible.

Ce premier travail accompli, il arrive à Cellulon encore râlant; il achève de lui ouvrir le ventre aussi, mais cette fois avec précaution et dans un autre but. Il tient à rentrer en possession des précieux animalcules.

Damnation de métabolation ! l'organe gestateur est entr'ouvert sous ses yeux, et son microscope ne saurait le tromper. Qu'aperçoit-il ? toute une fourmilière de Vibrionides extra, tenant chacun transpercée de leur caudicule flamberge toute une brochée de cellules sans noyau, d'apprenties ovules. Damnation de métabolation !

Que faire ? recueillir avec grand soin le tout, le placer dans une autre cornue, plonger celle-ci dans un bain-marie, en attendant mieux, ainsi se comporte Acare. Cette précaution prise, les sanglots le gagnent, il pleure d'abord, puis finit par brâmer. Il se désole, et comme contraste, Torqueubar calme, de plus en plus solennel, paraissant né à une

nouvelle existence, gravit lentement les gradins qui conduisent à son estrade. Au bout
d'un moment, toutefois, un petit cri d'un
timbre de voix flûtée qu'on ne lui avait jamais
connu jusqu'alors, vient indiquer que le sacrifice homéopathique est consommé, que
par la flamme à péri la flamme.

§ 5

TRANSFIGURATION

Citoyens, quelques terribles que soient les coups du sort, un avantage en résulte, c'est qu'ils servent de critérium pour les grands caractères. Alors que l'histologic-soc du doigt dans l'œil n'existe plus que pour mémoire alors que les Oculis réunis, désunis, s'en sont allés à l'aventure, chacun emportant son Ocule, Acare a tout quitté, Nucléole et ses petits, pour se vouer en entier au culte de son idée.

10

L'état béat du héros, son mode de gloussement le perpétuant dans son enthousiasme il a pris les dispositions suivantes. Sous Torqueubar se trouve placé la cornue échancrée par le dessus et contenant dans son intérieur la précieuse récolte.

De chaque côté de l'estrade, deux appareils fonctionnent, l'un de distillation, verse goutte à goutte dans le récipient un blastème de choix, l'autre de calorification, y maintient une douce température au degré voulu.

Le fidèle reste fidèle, rempli d'espoir, attend. Il a colligé par devers lui toute une série de faits dus aux irrégularités fonctionnelles tenant à un état analogue à celui du héros.

Pour distraire ses loisirs, aussi pour calmer sa surexcitation, il se livre à une série d'expériences personnelles sur des plasmas pris à tous les degrés de l'échelle de la création : phénomène étonnant qu'une forme spéciale, celle en vrille, peut seule expliquer, par une température même basse, quelque ardue que soit la voie et quelque défectueuse la matière plastique, ses vibrions vrilles font prise et donnent des produits, phénomèn plus étonnant encore, ses produits n'ont rien d'étonnant !

Peu lui importe, au reste. La question n'est pas là. Une circonstance autrement sérieuse à ses yeux est que la physionomie du héros tend à se béatifier de jour en jour, que son gloussement est devenu continu. Evidemment l'incubation touche à son terme. L'éclosion ne saurait tarder ; tout à coup en effet, la toge magistrale se gonfle, petit à petit elle fait ballon. Obéissant au mouvement d'élévation qui en est la conséquence, insensiblement la noble victime est détachée de la niche sur laquelle elle repose.

L'espace le permet à peine, qu'Acare se précipite pour regarder... il voit... que voit-il ? d'abord pas mal d'oxyures vermiculaires, puis deux lombrics, aussi un proglottis et deux anneaux de ténia, encore deux trigonocéphales; pêle-mêle avec tout ce personnel grouillant, un grand nombre de larves connues sous le nom vulgaire d'asticots. Le fidèle écarte du doigt ces intrus, il regarde encore, et que voit-il ? Cette fois un produit avec les conditions de forme et de

perspective voulues et cependant... oui,
pour sûr, évidemment à l'effet du sens de la
vision, a dû s'ajouter une impression fortement accusée, venue du sens de l'odorat,
car Acare se rejetant vivement en arrière,
recule, et sa tête commence à décrire une
courbe dont ses pieds forment le point fixe :
« Image vénérée, rêve de ma vie, servir d'é-
pisperme à pareille production, s'écrie-t-il,
et il tombe à la renverse, son occiput allant
battre contre un des gradins de la salle. Du
coup, il reste évanoui.

Ou eût pu le croire mort, pas du tout. C'est
son premier ordre d'idées qui vient de s'é
teindre, un second mode a surgi; ce n'est pas
sans apparât, ni sans pompe, mais sous forme
de transfiguration que s'effectue le passage
d'un état mental à l'autre. Effet de com-
motion cérébrale, dira-t-on ? peut-être, tou
jours est-il que le tableau suivant se déroule
sous ses yeux.

L'air de l'amphithéâtre est en vibration.
Autour de lui ont surgi des myriades de
modèles, et leur appendice jette flamme.
Planant à moitié voûte, s'abandonnant à un
dernier mouvement de rotation, de circum-

duction et de circumbilivagination, Torqueubar promène au-dessus de la tête du
fidèle resté fidèle, les débris de ce monument
naguère l'objet d'un culte. L'éclat de tous ces
feux y simule un nouvel incendie. En guise
de dernier adieu, le héros incline la tête ; un
léger mouvement de tangage en résulte;
conséquence de cet effet de bascule, l'horizon-
talité n'est plus ; des ombres se produisent,
grâce aux inégalités du tissu inodutaire,
dernier vestige survivant de ce qui s'enfut
en fumée ; le profil de ces ombres suivi par
Acare lui permet d'y retrouver très lisible-
ment écrit ce mot : Neutre. « Neutre, s'é-
cria-t-il, comme se révoltant — oui, neutre...
oui, neutre... oui, neutre, répètent, sur l'air
des lampions, tous les échos de l'amphithéâtre.

A ce mot magique, comme par l'effet d'un
talisman, l'ombre la plus complète, le silence
le plus absolu se font dans la salle. Seul un
cercle de lumière resplendit à la clef de voûte
au centre de ce soleil de feu se dessine un
granule acaude, fenétré, grossissement 1220.

Acare revenu à lui eût pu se croire le jouet
d'une illusion, mais un indice persistant le

10.

ramène à la réalité. Au centre de son propre plafond à lui, au lieu et place du Vibrio Lineola qui si longtemps, l'a obsédé, s'est établi et se maintient ce nouveau corpuscule acaude et à carcasse fenestrée.

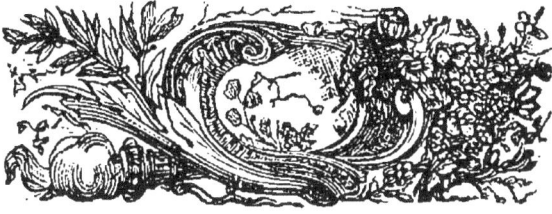

MORALE

ITOYENS, autant dans sa première manière Acare avait été homme d'action, autant il se montra réfléchi dans la seconde. A ce penser long et tenace est due l'interprétation vraie, la signification rectifiée des deux rudimentaires déssinés sur les cartons que voici. Pour en avoir l'intelligence, il suffit de s'initier à la légende dont il a eu soin d'enrichir leur croquis.

Le long de l'appendice hélicoïde du premier nous trouvons écrits ces mots : « fuseau de conjugaison, cheville sociale, rudiment d'espèce »; tout autour de l'utricule, ceux-ci : « principe lanternoïde... moi. » Le principe d'animation qui les vivifie, il le caractérise en ces termes : » « Élément de turgescence exercera son action tantôt sur la partie globuleuse, tantôt sur l'appendice donnant lieu à deux manifestations également brutales, le moi, le rut. La tension devient-elle menacante pour l'utricule, le caudicule tout aussitôt devient turgescent, opère la détente. Grâce à ce mouvement de tiroir, jamais pour quelque distendu qu'il fût, jamais aucun moi n'a crevé »

Comme corollaires pratiques, il ajoute :— tout auteur se complaît dans son œuvre. — Qui commence à se sentir gêné dans son admiration personnelle, se mire dans sa descendance, se promet l'avenir.

A la circonférence du granule fenestré, acaude, représenté sur la seconde planche, il a mis l'annotation suivante « Oméga humain, radical des absorbés; carcasse fenestrée, turgescence impossible ; pas d'appendice, pas de moyen de transmission connu », et comme aphorisme dernier, celui si connu : « Le génie n'a pas de sexe ».

S'il faut en croire la chronique, Acare, extrême en tout et toujours poursuivant son problème, désireux de savoir jusqu'à quel point un courant défectueux peut profiter du reflux de forces ailleurs trop vives, poussa le fanatisme jusqu'à se les couper. Qu'en advint-il? Qu'il en mourut.

Citoyennes, pour ce nouveau désastre, ayons encore une larme, mais réagissons en philosophes. Si à d'autres que nous est réservée la solution de problèmes aussi difficiles, qu'il nous soit permis, pour finir, de glaner sur le terrain des choses possibles et agréables. Montrons que toute théorie a sa sanction pratique.

Des deux outillages que je vous présente, le premier est celui qui permit à Acare d'exécuter Noyau, le second est un appareil dioptrique, de mon invention, à la désinence... toscope.

Leur mise en pratique se devine. Oui, frères et amis, si quelqu'un parmi vous désire s'édifier sur son pouvoir et comme individualité et comme espèce, qu'il s'avance sans crainte, qu'il déduise son corollaire : Au premier outillage, l'exécution, au coup

de lunette du second, la double notion de mandée.

Celle-ci ressortira claire comme le jour, de l'examen comparé de la virtualité des deux parties élémentaires constitutives de ses vibrions.

Déjà une physionomie connue fendait la foule pour profiter de l'occasion, et gratis se faire tirer l'horoscope, mais depuis un moment, une nuée de cailloux, de tessons de bouteilles, de rognons de toute sorte venait, en manière de ponctuation, émailler de coupures le récit de l'orateur. Apostrophé d'un en plein naseau, Jean se mit en déroute, l'autre le poursuivait, réclamant l'outil n° 1, lorsqu'un assistant fort savetier, d'un vigoureux coup de pied quelque part, posa le point final en portant le n° 100 de 5.20.100 o/o.

SOUS L'ÈRE DES LAMPIONS.

PARIS. — IMP. ALCAN-LÉVY.

www.ingramcontent.com/pod-product-compliance
Lightning Source LLC
Chambersburg PA
CBHW062028200326
41519CB00017B/4965